SCIENCE

岩波科学ライブラリー 290

おしゃべりな糖

第三の生命暗号、糖鎖のはなし

笠井献一

岩波書店

はじめに

「おしゃべりな糖」とは、情報をになう糖のことです。つまり、賢い糖、インテリジェントな糖です。この物質の面白さ、大切さを広く知ってもらいたいと思って、この本を書きました。日本では初めての本のはずです。

糖とは命を支えるエネルギー源であり、またからだをつくる大事な材料だということは誰でも知っています。でも糖がおしゃべりな物質、賢い物質だなんて初耳だ、という人も少なくないでしょう。でも、かれらがその賢さを発揮してはたらいてくれるから、私たちは毎日、健やかにすごせるのです。

私たち一人ひとりのからだの中では、数十兆個ものいろいろな細胞が、個体を生かすという共通の目的のために、協力しあって一生懸命にはたらいています。それを実現するために、この膨大な数の細胞たちの間で、絶え間ない対話が維持されています。国際平和を維持するためには、世界中の国の首脳が連絡を絶やさず、必要あれば国際会議を開かねばなりません。そうした首脳外交活動は、しっかりサポートする事務方なくして成功はおぼつきません。おしゃべりな糖の役目はそれに似ています。あまり目立たないのですが、かれらの手助けがあってこそ、細胞たちの対話が成功し、私たちの命が守られるのです。

主に裏方として、大事だけれどいささか地味な仕事を担当しているので、タンパク質や核酸のように、昔から情報をになう物質として知られてきたものにくらべると、注目されるのがかなり遅れました。でも研究が進むにつれて、物質としてのユニークさ、仕事の想定外の重要さが見えてきました。わかればわかるほど、生命の奥深さに感嘆するばかりです。

おしゃべりな糖には、食べたら頭が良くなる、病気が治るなど、ただちに実用に直結するような効き目はありません。でも、おしゃべりな糖のはたらきがとどこおれば、生きることのそこここに悪影響が出ます。病原菌などの外敵との戦いにも、おしゃべりな糖がいろんな形で関係しています。そうしたところから、遅ればせながら、注目度も上がり始め、より広く深い研究が必要だと考えられるようになりました。とはいえ、まだまだわからないことが山積みなのです。

研究の大きな後押しになるのは、理解者の多さです。でもこの分野は後発で発展途上なので、世間的にはほとんど知られていません。おしゃべりな糖がどんなに大事なのかを、もっとたくさんの人に知ってもらう必要があります。できれば現代人の一般常識の1つとなって欲しい。そして研究のサポーターになってもらえれば、人類の明るい未来につながるでしょう。若い人にもどんどん研究に参入してもらいたいです。

読み始めて最初のうちは、この本は遊園地の迷路みたいだと思われるかもしれません。先がどうなっているのか見通しにくいでしょうが、難しそう、としり込みしないでください。角を曲がるたびに、新しい、面白い発見があります。高校の生物と化学の予備知識くらいで道をたどれるように書きました。さあ、おしゃべりな糖の面白さを楽しんでください。

目　次

イラスト（マンガで糖鎖劇場）＝ウチダヒロコ

1

おしゃべりな糖が命を支える

おしゃべりする糖とは

おしゃべりな糖？　いったい何のこと？

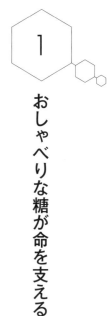

誰もが首をかしげそうですが、そんな糖が私たちの命を支えています。**糖**とよばれる物質には、小さいものから大きいものまであります。小さいものとしては、グルコース（ブドウ糖）や砂糖（ショ糖）は誰でもおなじみでしょう。これらはエネルギー源として大切ですが、おしゃべりではありません。大きい方でよく知られているものだと、たとえばセルロース、でんぷん、キチンなどがあります。セルロースは植物のからだの材料、でんぷんは植物の貯蔵エネルギー、キチンはエビやカニの甲羅の素材です。やはり大切な物質ですが、おしゃべりではなく、黙々と与えられた地味な役割を果たしています。

おしゃべりな糖は、この対極にあります。からだの中を動き回り、細胞たちと活発におしゃべりしています。大きいものも小さいものもありますが、主流は中間的な大きさです。残念ながらまだ知る人ぞ知るという程度の知名度ですが、実はたいへん賢い分子で、私たちを情報の面で支えるという、大事な任務をもっています。

生物にとって情報が大事だと言われても、ぴんと来ないかもしれません。そこで生物とコンピューターを比較してみましょう。かなり共通点があります。

まず、ハードウェアにあたるからだ(細胞、臓器、骨など)があります。それを作動させるにはエネルギーを注入せねばなりません。しかし究極の要素はソフトウェア、つまり形をもたないいろいろな情報です。生命活動の手順(プログラム)、分子の構造や組織の設計図、危機管理マニュアルなど、膨大なソフトウェアが必要です。コンピューターは、ソフトがなければただの箱。そこにさまざまなソフトウェアがインストールされて、世界をすっかり変えるほどの能力を見せつけます。コンピューターに命を吹き込むのは、形をもたない抽象的な情報なのです。生命でも同じです。複雑な生命のいとなみは、膨大な情報によって支えられているのです。

生命をたくみにあやつる、驚くべきソフトウェアの全貌。ぜひとも知りたいところですが、あまりにも難題で、まだごく一部しかわかっていません。なにしろコンピューターのソフトウェアとは違って、人が頭脳を獲得するはるか以前に、自然がつくってしまったものですから。そんなものを人の頭で解ける保証すらないのですが、人類のよりよい未来のために、たくさんの人が挑戦しています。

生命のソフトウェア関係を担当するのが、おしゃべりな分子たちです。生物がつくりだす分子の種類は膨大ですが、おしゃべりな分子とは、その中でも特に賢いものたちで、情報を保有していて、それを他の分子や細胞に伝えることができます。おしゃべりというのはもちろん比喩で、伝えたいことは**構造**を使って表現されます。つまりその分子の構造が、文字や信号やアイコンなど、いわゆる**コード**(暗号、記号。「バーコード」のコードです)の役割を果たすのです。

核酸、タンパク質、そして糖鎖

情報を担当する分子として、誰でも知っているのは**核酸**(DNAとRNA)でしょう。生物のいちばん土台になる遺伝情報、つまり第一の生命暗号を大切に保管しています。次は**タンパク質**で、私たちのからだの中には、メッセージを発信するもの、受け取るものがひしめきあって活動しています。このように核酸とタンパク質は、情報分子としてはスター格です。どちらも大きな分子(高分子)で、コードをつくる能力が高いので、情報担当にふさわしいのです。

そこに近年、第三の情報担当分子として、おしゃべりな糖、すなわち**情報を担う糖鎖**が注目され始めました(以下、本書では「おしゃべりな糖」・「おしゃべりな糖鎖」・「情報糖鎖」をほぼ同義としてあつかいます)。**糖鎖**というのは、小さな単糖がいくつもつながってできた分子です。

セルロースやでんぷんなども糖鎖の仲間ですが、大きいわりには、構造は単純で無口です。おしゃべりな糖鎖はこれとは大いにタイプが違い、複雑な構造をしており、その一部がコードになります。このコードを、本書では「糖コード」とよびましょう(英語の「glycocode」にあたります)。こうした糖コードが、動きまわり、自己顕示し、他の分子や細胞と活発につき合います。1970年代頃から、こうしたいわば新人類の情報糖鎖が続々と見つかるようになり、その役割や存在意義がわからなければ、生命の本質もわからない、と考えられるようになりました。

どんな糖鎖がおしゃべりなのか、誰でも知っている例を、とりあえず1つだけ挙げておきましょう。日本人が大好きな血液型です。A型の人の赤血球の表面には、A型の糖コードがたくさん生えています。B型の人ならB型の糖コードがたくさん生えています。そしてたとえばA型の糖コードなら、「私の主人は人類の中のA型グループの一員だ」と吹聴しているわけです。

生命暗号、それぞれのちがい

核酸とタンパク質、そしておしゃべりな糖の3つの生命暗号は、何が違うのでしょうか。そして、なぜ使い分けられるようになったのでしょうか。

まず、これらの生命暗号は、はたらく場所が違います。核酸は、細胞の中にとどまっています。一方、タンパク質は、細胞内・細胞外の両方で活動します。ところが、糖鎖がはたらくのはもっぱら**細胞の外**です。また単細胞生物と多細胞生物とを比較すると、おしゃべりな糖鎖は多細胞生物には必要不可欠ですが、単細胞生物では必要性がかなり低くなります。はたらく場所の違いは、役目の違いにも密接にかかわっています。核酸は遺伝情報の担当ですから、基本的に細胞の中で活動します。一方、細胞の中・外ではたらくタンパク質や、細胞外ではたらく情報糖鎖は、主に**細胞間のコミュニケーション**を担っています。

私たち人間は、数十兆個もの細胞が集まってできた多細胞生物です。多細胞からなる個体が生きてゆけるのは、全身の細胞が見事に協力し合っているおかげです。それを成り立たせるためには、近い細胞の間でも、遠い細胞の間でも、緊密なコミュニケーションが欠かせません。また多細胞生物では、細胞の役割が細分化され、それぞれがひじょうに微妙で複雑な仕事を分担しています。それをミスなく遂行するためにも、それぞれの細胞ではたらく分子たちがお互いに連絡を取り合い協力することがことさら重要になりました。

こうした情報に関係する分子として、まず知られてきたのがタンパク質でした。細胞間の情報活動の中心は、なんといってもタンパク質です。離れた細胞の間で正しく連携プレーできるように、あちこちの細胞から、伝令役のタンパク質(ホルモンやサイトカイン)が血管に放出されます。たとえばインスリンは、膵臓《すいぞう》から分泌されて、いろいろな細胞に、「血液中のグルコースをどんどん取り込め」と要請します。このメッセージを受け取る細胞の表面には、インスリン受容体というタンパク質があり、そこにうまくドッキングできれば、膵臓からの指示が伝わり、血液中のグルコース濃度(血糖値)が下がります。

一方の糖鎖は、長い間、こうした細胞外ではたらくタンパク質のほとんどについている、いわばアクセサリーのようなものとして知られてきました。アクセサリーあつかいだったのは、試験管内では、タンパク質から糖鎖を取り除いてもちゃんとはたらいたからです。しかし研究が進むにつれて、じっさいのからだの中では、糖鎖がついていないタンパク質は役に立たないことがわかってきました。糖鎖はただのアクセサリーではなく、任務遂行に不可欠な装備だったのです。

糖鎖は、どちらかといえば**裏方**です。細胞の外では、何千種類ものタンパク質が、情報を活用しながらはたらいています。そうしたタンパク質は、外界の厳しい環境のなか、遠くの目的地までたどりついて、複雑で困難な任務を果たさねばなりません。それを陰に日向に助ける装備として、糖鎖が絶対に必要なのです。

ジェームズ・ボンドが遠い国へ工作員として出発するときには、いろいろと奇想天外な小道具をもってゆきます。それが何度も役に立って、最悪の危機もかわして任務に成功します。糖鎖の役割もどこか似ています。

また細胞に伝令タンパク質がきたときや、細胞がお互いに接触しあうときなどには、ガイドしたり、仲介したり、制御したりと、糖鎖たちはコミュニケーションが成功するようにはたらいています。おしゃべりな糖鎖がマネージャーとして助けなければ、体の中の細胞たちはうまく協力しあえなくなり、多細胞生物は破綻してしまうでしょう。裏方よりはむしろ、**黒幕**といった方がよさそうです。

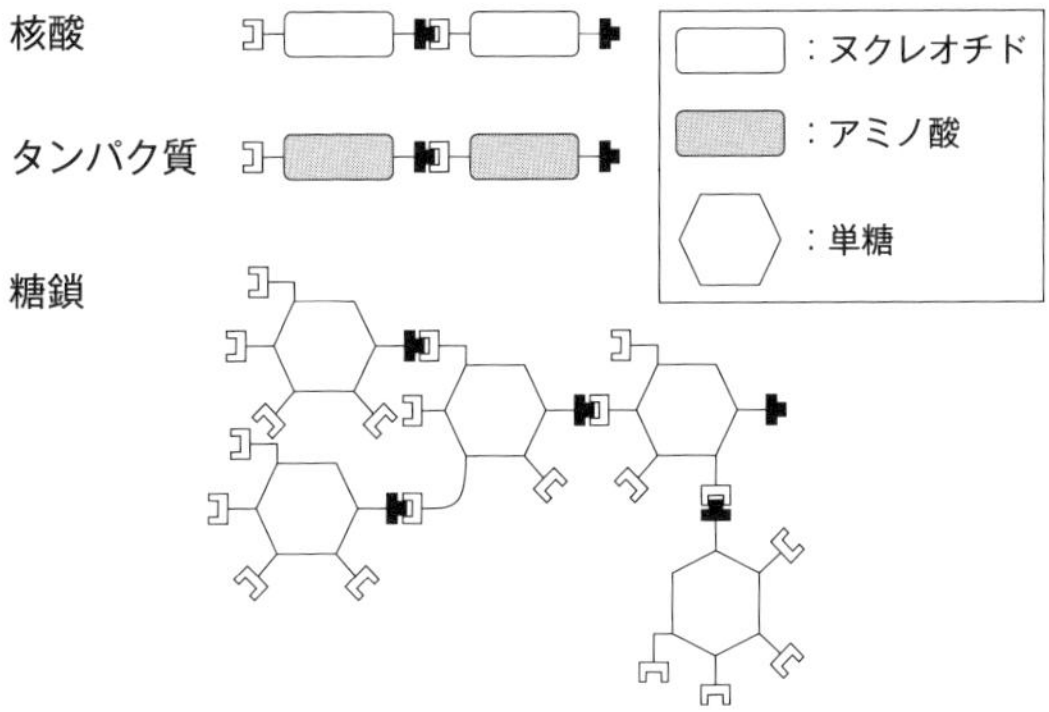

図1　三大生体高分子(核酸，タンパク質，糖鎖)のブロックのつなぎ方。核酸とタンパク質は1本の線状につながるので1次元のバーコード，糖鎖は枝分かれするのでQRコードのようになる

糖コードはQRコード?

3種類の生命暗号である核酸・タンパク質そして情報糖鎖は、その構造も違います。特に糖鎖は、核酸やタンパク質とはまるで違うやり方で組み立てられています。

核酸やタンパク質は、構造が**1次元**のバーコード的です(図1)。ブロックが1本線としてつながっています。なぜかというと、連結用のでっぱりとくぼみが、1つのブロックに1つずつしかないからです。こんなレゴブロックだったら、一列につなげるほかありません。

核酸をつくるためのブロック(ヌクレオチド)は4種類(略号でA、G、T、C)あります。核酸の構造は、この4種類の文字が一列に並んだ、長い長い1次元のバーコードに相当します。今では誰でも知っているように、この暗号文書が、タンパク質のいわば設計図です。ヌクレオチド3個で1つのアミノ酸を表すので(3文字暗号。たとえばAGTならセリン、GTCならバリンなど)、簡単に翻訳でき、タンパク質のアミノ酸のつながり方を指示できます。

タンパク質は、20種類のアミノ酸が一列につながってできています。アミノ酸は英語名の頭文字を略号として使うので(いくつか例外がありますが)、20個のアルファベットを並べた1次元のバーコードになります。核酸のような法則性はありませんが、ところどころにメッセージを帯びた配列が現れます。たとえばそのタンパク質の行き先、仕事の種類、誰がパートナーなのか、などがそこから読み取れます。「ここから後ろを切断せよ」とか、「ここに糖鎖を結合させよ」などと指令する配列もあります。そこここに意味のある単語(のようなもの)が埋め込まれているのです。

さて後発の糖鎖はというと、つくられるコードは**2次元**です。その理由は、ブロックの形にあります(図1)。糖鎖のブロックは単糖です。グルコース、ガラクトース、*N*-アセチルグルコサミンなど、十数種類あり、どれも六角形をした分子です(特に大事なものの構造式は付録に載せてあります)。それに「でっぱり」が1個ついています。ところが「くぼみ」の方は3~4個あるので、1つのブロックに、最大で4個まで別のブロックをつなげられます。そのそれぞれに、さらに複数のブロックをつなげてゆけます。最大限につながることはまれですが、こんなタコ足配線が繰り返されるので、一列のつながりにならず、コードが平面化してしまいます。糖鎖と言わずに、糖枝とか糖樹とかよんだ方がイメージしやすいくらいです。

つまり、1次元の**バーコード**的である核酸やタンパク質に対して、おしゃべりな糖鎖が掲げるコードは、いわば**QRコード**なのです。これは、生命暗号としての糖鎖のとびぬけた特徴の1つです。

なぜ糖鎖は一筋縄でないのか

糖鎖はなぜ、タコ足配線になるのでしょうか。前項の説明だけでは、科学の本としてはもの足りないので、ちょっとだけ化学を使った説明をしましょう。

グルコースは単糖の代表で、高校の化学の教科書にも構造式が出てくるので、これを使いましょう。この分子は炭素6個、水素12個、酸素6個で組み立てられており、六角形の環になっています(図2)。6個の炭素は、C_1からC_6まで番号がついています。C_1からC_5までの炭素と1個の酸素で六角形をつくり、C_6は環の外にはみ出しています。C_5以外の炭素には、水酸基(OH基)が1個ずつつきます。C_2、C_3、C_4についたOH基は、下―上―下の方向を向きます。グルコース以外の単糖ではこの向きが変わります。

ここで、5個のOH基がブロックの連結に使われます。ただしC_1につくOH基は特別で、

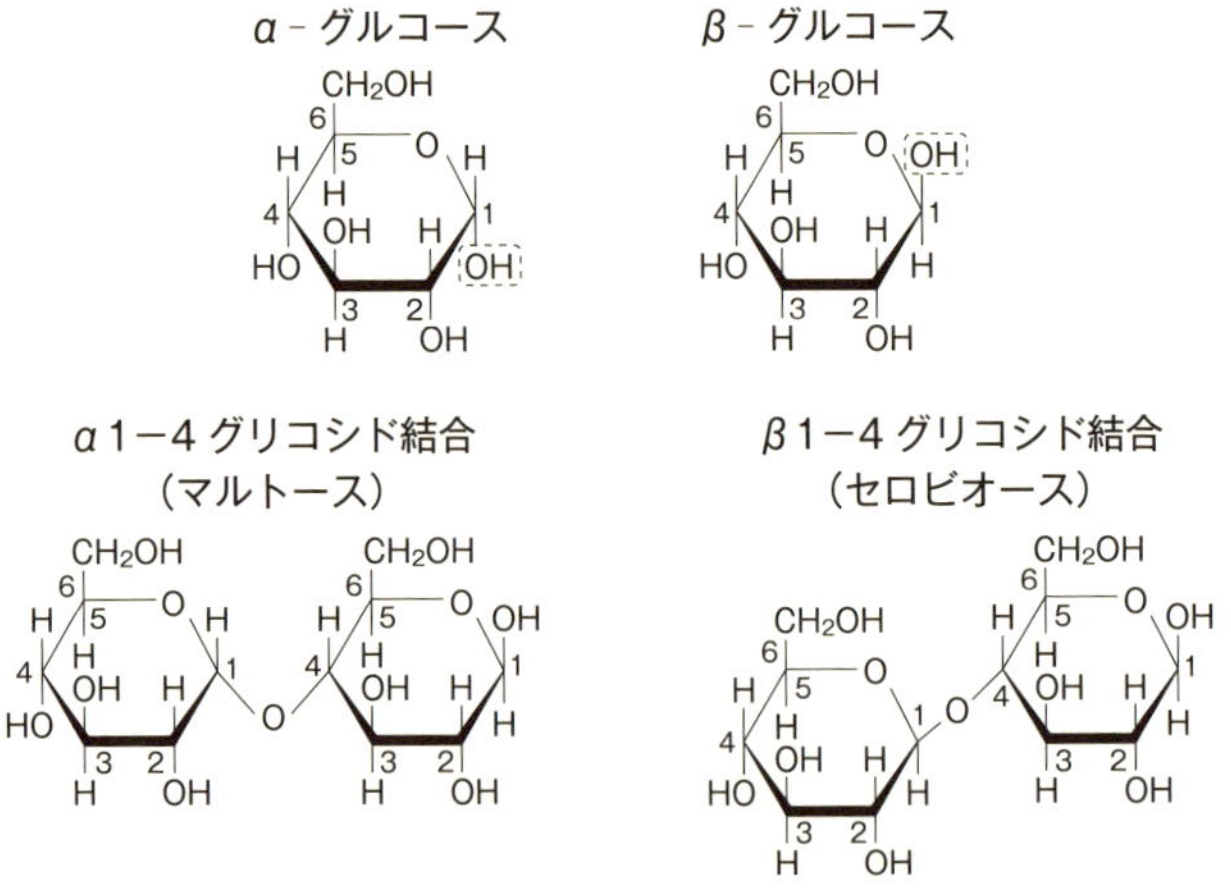

図2　グルコースを2個つなげてできる二糖の例。単糖の1位のOH基は反応性が高いので「でっぱり」になる。それ以外の2，3，4，6位のOH基は「くぼみ」になる。「でっぱり」には下向きの*α*型と，上向きの*β*型があるので，つながるときに2種類のグリコシド結合ができる

ほかの4個よりも反応性が高いので、「でっぱり」の役をします。一方、残りのC_2、C_3、C_4、C_6についたOH基は受け身なので「くぼみ」役です。「くぼみ」と「でっぱり」がつながるときは、2つのOH基の間から水分子(H_2O)が1個取り去られて、C－O－Cという形の共有結合(グリコシド結合)ができます(この結合は水分子を戻してやることで、切ることができます(加水分解)。この性質のおかげで、大きな糖鎖を解体して、リサイクルすることができます)。

「でっぱり」になるC_1のOH基には、もう1つ特殊なことがあります。下向き(α型)になったり、上向き(β型)になったり、と、切り替わるこ

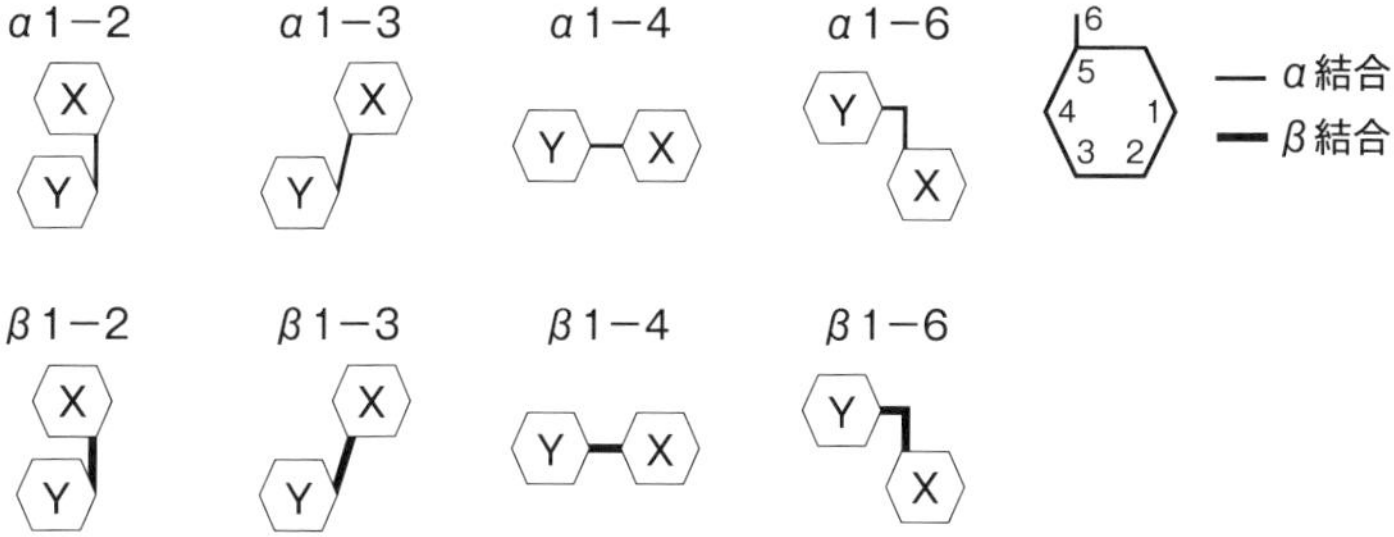

図3　2つの単糖のつなぎ方は，「くぼみ」を4ヶ所もつグルコースやガラクトースの場合，8通りの可能性がある。X :「くぼみ」を差し出す単糖，Y :「でっぱり」を差し出す単糖

とがあるのです。そのため差し込み方が2通りになり、α結合とβ結合という違いができます。表向きにつなぐ場合と、裏返しにつなぐ場合があると考えてください。生物にとってはこの違いはひじょうに重要で、同じブロックが使われていても、別の糖コードになってしまいます。

さて、グルコースを2個つなげようとしたら、何種類のつなぎ方があるでしょうか。αとβの区別、「でっぱり」の番号、「くぼみ」の番号で表現すると、なんとα1−2、α1−3、α1−4、α1−6、β1−2、β1−3、β1−4、β1−6と8通りにもなります(図3)。核酸やタンパク質を見慣れた人はめまいを起こしそうですね。

先述のように、生物が糖鎖をつくるために使うブロック単糖は、全部で十数種類あって、いずれも、「くぼみ」の数は3〜4個です。それらが入れ代わり立ち代わり、いろんなつながり方をするのですから、数個つなげるだけでも100万種類をはるかに超える糖鎖ができる可能性があります。でも幸いにして、実際にはそれほどは見つかっていません。生物がつくれるつなぎ方がかなり限られているからです。それでも、4桁台の種類の糖コードはつくれそうです。

設計図がないなんて

核酸やタンパク質と「おしゃべりな糖」の違いを、その役割や構造の面から眺めてきました。情報糖鎖は、生命暗号の中でもひじょうに異質だということが、納得できたでしょうか。しかし、これで驚くのはまだ早い。情報糖鎖には、つくるための**設計図がない**のです。糖コードには、私たちが生きるために必要な情報が織り込まれているというのに、この情報の出所がわかりません。生物にとっての究極の情報源は遺伝子ですが、そこに糖鎖の構造情報はまったくありません。ブロックをどうつなげるかという指示書もなければ、構造見本もないのです。レシピも出来上がり見本もないのに、料理をつくれと言われるようなものです。これほど不思議なことがあるでしょうか。

核酸やタンパク質の場合は正反対で、しっかり情報によって管理されています。核酸をつくるブロックの並び方(ヌクレオチド配列)、タンパク質をつくるブロックの並び方(アミノ酸配列)は、遺伝子が指示しています。核酸をつくる場合は、遺伝子イコール核酸なので、忠実にコピーすれば十分で、それを子孫に渡せば情報が完全に継承されます。この作業をするために、細胞の核の中にはオートメーション合成装置（DNAポリメラーゼ）があり、原本にしたがってヌクレオチドを次々とつなげてゆきます。

タンパク質の場合は、遺伝子にアミノ酸配列が暗号で書いてあります。先述のように、3文字暗号で1つのアミノ酸を示しています。タンパク質をつくるオートメーションの装置（リボソーム）が細胞質にあり、この暗号を翻訳しながらアミノ酸をつないでゆきます。できるタンパク質の構造は、遺伝子が指示したとおりのものになります。このように核酸とタンパク質の場合は、遺伝子の統治が行き届いているうえに、正確で揃った完成品をつくれるように、高性能の合成装置が稼働しています。

これにくらべると、糖鎖のつくり方はあまりにも違います。ほぼ無政府状態です。監督者不在、設計図もマニュアルも合成装置もない状態で糖鎖はつくられます。設計図にあたるものがないのだから、何をつくるべきか、完成品がどんなものかわからない。そのうえやたらと枝分かれするのだから、オートメーションの合成装置なんてつくれません。そこで糖転移酵素という、いわばフリーランスの職人たちが、ブロックである単糖をつなぎます。ところがこの職人たちはえり好みが極端で、たった1種類の仕事しかしません。たとえば「俺はガラクトースとグルコースをβ1―4でつなぐことしかやらないぞ」という調子です。だから大きい糖鎖をつくるときは、ブロックを1つつなげるたびに職人が交代してゆきます。でも、順番などを指示する現場監督はそこにいないのです。

融通のきかない職人たちが、何をつくるかも知らず、ゆきあたりばったりで作業している。これでは均一な製品ができるはずがなく、できるのはばらばらで不揃いな未完成品(そもそも完成品という概念すらない)ばかり。こんな原始的で不正確なやり方では、収拾がつかなくなりそうです。ところが、そこから大事な情報を織り込んだ糖コードがちゃんとつくられて、役割を果たすのですから、まるで魔法のようです。無秩序にしか見えない糖鎖合成の場なのに、なぜかなんらかの秩序が生まれている。生命はほんとうに奥深いです。

難攻不落の要塞

「おしゃべりな」糖鎖の複雑さや不思議さを、駆け足で紹介してきました。

こうした複雑でわかりにくい糖鎖の構造やはたらきは、生命科学の研究者でさえも及び腰になりがちです。このハードルのせいで、糖鎖への挑戦はとかく先送りにされてきました。糖鎖は核酸やタンパク質とはあまりに異質です。言葉も文字も文法もまるで違う異国に飛び込むにひとしく、かなりの覚悟がいりそうです。無秩序が秩序を生み出すというパラドックスには、下手に近づけないなとしり込みする人も出そうです。

しかし、前に述べたように、おしゃべりな糖は、細胞たちのコミュニケーションのマネージャーとして、私たちの一生によりそっています。

そもそも、卵子と精子の受精が最初の細胞と細胞との触れ合いであり、この出来事も糖鎖に助けられて成功するのです。それ以降の、受精卵の分裂、細胞の分化、組織や臓器の組み立てなど、一生の節目節目の出来事も、糖鎖の支えなしには決して順調に進まないでしょう。

また、毎日のありふれた生きるいとなみも、細胞たちの緊密な連携プレーで成り立っています。そこにほころびが出て障害が起こると、生活の質が大きく下がってしまいます。たとえば、生活習慣病、自己免疫疾患、がん、認知症など、現代人を悩ませている健康障害のほとんどに、情報糖鎖のはたらきの低下がからんでいるはずです。

このように、私たちの生きるいとなみに深くかかわる糖鎖の研究が、医療その他の応用面で重要になるのはもちろんです。一方、生命の本質を追究する基礎科学にとっても、枯渇することのない研究テーマの源泉といえるでしょう。20世紀後半には、核酸とタンパク質の研究が大躍進しましたが、それでも生命には、難攻不落の謎の要塞がそこここに立ちはだかっています。特に手ごわい部分には糖鎖が深く関与しているに違いないので、それを意識して攻撃しなければ、攻略はおぼつかないでしょう。しかしそうした取り組みは、まだ十分とはいえません。

とはいえ、謎が多ければ、予想外の発見のチャンスも多くなります。未踏の地にこそ、未発掘の宝物が眠っています。想像を超える役割が次々と見つかるでしょう。それらはすぐに役立つとは限りませんが、よりよい未来の実現にいつか必ず貢献するはずです。

2 糖鎖はどこで何をする？

前章では、糖鎖の概要をざっと紹介しました。では、糖鎖は体内のどこで、どのようにはたらいているのでしょうか。少し具体的に迫ってみましょう。

コミュニケーションをサポート

私たちのからだの数十兆個もの細胞は、ひたすら対話しています。それがあるから、どの細胞も、いつはたらくべきか、いつ休むべきか、どのくらい気合いをいれてはたらくべきかなどの判断ができるのです。そのおかげで、こんな複雑なシステムがちゃんと稼働していきます。単細胞生物の細菌なら、条件さえよければ1個でも生きられますが、それとは大違いです。そして私たちのいのちの源である細胞間外交は、おしゃべりな糖鎖によって支えられています。

からだの中では、近くにいる細胞もあれば、遠くにいる細胞もあります。動かない細胞もあれば、動き回る細胞もあります。それぞれの細胞たちは、どんなふうに対話しているのでしょうか。

近いもの同士(たとえば1つの組織の中)なら、細胞と細胞はじかに対話できます。隣り合った細胞の間には隙間がありますが、細胞たちはいろいろなタンパク質を突き出して触れ合うのです。お互いに素性を探る、状態を探る、情報をやり取りする、刺激し合うなど、さまざまなことをします。ある細胞がもう少し離れた細胞に連絡するには、伝令タンパク質を放出し、これが細胞間の隙間を通り抜けて、相手の細胞にたどりつきます。

しかし、細胞間のコミュニケーションはそれだけではありません。はるか遠く離れた細胞同士(たとえば違う臓器の細胞)でも、ひんぱんに情報をやり取りしています。ある細胞が遠く離れた細胞に情報を届けたいときには、血管を使って、飛脚の伝令分子を走らせます。たとえば、いろいろな臓器がからだの状況を常時モニターしていますが、何か不具合があって対策が必要になったと判断すると、その臓器の細胞がホルモンなどの伝令分子を出して、ほかの臓器の細胞に善処を依頼します。

伝令分子には、低分子(たとえばアドレナリンやエストロゲン)のほかに、タンパク質でできたものがあります。エリスロポエチン(赤血球を増やすために腎臓が送り出す)、レプチン(脂肪組織が出し、脳に食欲を抑えるよう依頼する)、インターフェロン(ウイルスに感染された細胞が出し、他の細胞に防衛態勢をとるよう警告する)などの例は、よく耳にすることでしょう。

こうした外交関係のタンパク質が、いったい何種類くらいあるのか、まだ正確にはわかりません。1000種類はゆうに超えるでしょう。今でも新しいものが次々に発見されます。そしてそれらのほとんどに、必須装備として糖鎖がついています。

動き回る細胞の場合はどうでしょうか。白血球はからだを守る軍隊組織で、諜報、実戦、後方支援、武器調達など、細かく担当が分かれています。外敵などの脅威に対処するには、情報交換が欠かせません。そこで彼らは、血管やリンパ管をつねに動き回り、いろいろな担当細胞に実際に出会って、糖鎖に助けられながら対話し、情報交換し、指示したり、されたりしています。

ここまでは成熟した多細胞の個体での話ですが、たった1個の受精卵が多細胞の個体へと成長する発生分化においても、細胞間での情報交換は大事です。分裂して増えた細胞が、いろいろな役目の細胞に変身し、組織、器官、臓器をきちんとつくり、からだを正しく組み立てるまでには、想像できないほどの細胞間での対話が必要でしょう。そしてその対話においても、情報糖鎖が大事な仕事をしています。

このように、体内のあらゆる情報ネットワークを、おしゃべりな糖鎖がいくえにもサポートしています。その役割はとてつもなく広く、全貌を見極められるのはまだ先の話ですが、糖鎖がわからないうちは、生命はわからない、と言っても大げさではないでしょう。

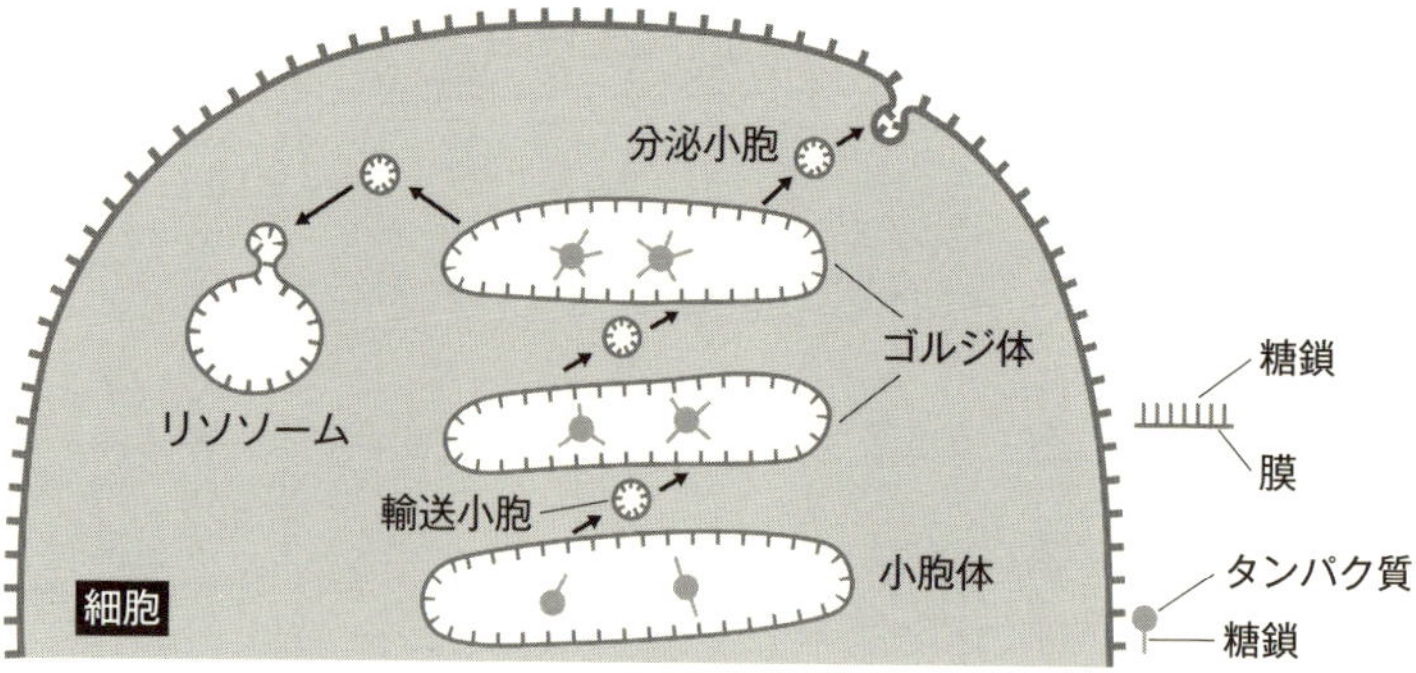

図４　糖鎖があるところ

細胞表面は糖鎖のジャングル

おしゃべりな糖鎖は、どこにあるのでしょうか。キーワードは「細胞の外」です。エネルギー関係の糖の活躍の場が細胞の中であることとは対照的ですが、外交が主な仕事なのだから当然ですね。製造途中のものなどは細胞内にありますが、細胞質からは隔離された袋の中に閉じ込められています。製造工場である小胞体とゴルジ体、運搬車である輸送小胞、特殊な酵素がはたらくリソソームなどが、そうした袋にあたります（図４）。

物質としても特殊です。ちょっと変わっているのは、糖鎖単独のことは珍しく、ほとんどが他の物質と合体していることです（**複合糖質**）。主なものとして、糖鎖が脂質と合体した**糖脂質**、タンパク質と合体した**糖タンパク質**と**プロテオグリカン**という、３つのタイプがあります（図５）。細胞膜周辺での存在場所とともに、それらの主な仕事を見ていきましょう。

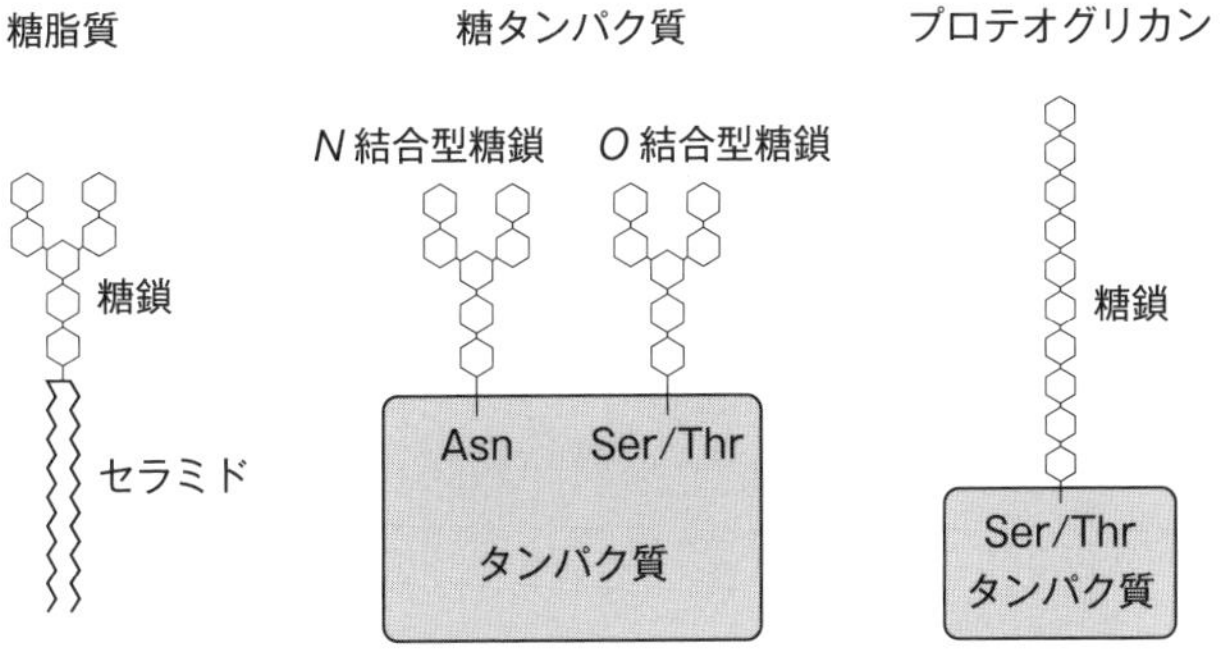

図 5　主な複合糖質。Asn：アスパラギン，Ser：セリン，Thr：トレオニン

糖脂質　糖脂質は脂質から糖鎖が生えたもので、細胞膜の大事な成分の1つです。

細胞膜の土台は、**リン脂質**という、2本脚のタコのような分子でつくられています(図6)。頭(黒丸)はリン酸基などの電荷をもっていて水が好きですが(親水性)、足(棒)は炭素と水素だけでできているので水が嫌いです(疎水性)。そんな自己矛盾を解消するために、水の中では平面的に密集して、図のように対称性のある二重の膜(脂質二重層)をつくります。膜の表裏の表面に親水性の頭が並び、疎水性の足が膜の内部に隠れます。この平面構造体では、リン脂質分子同士の間に共有結合がないので、膜の形も変幻自在、どこにでもほかの分子が割り込めるうえ、動き回ることもできます。2次元の液体といえます。生物にとっての理想的な間仕切り用素材なので、細胞膜だけでなく、核、ミトコンドリア、小胞体などの膜にも使われています。

糖脂質は、2本の疎水性の足の上に糖鎖をのせた分

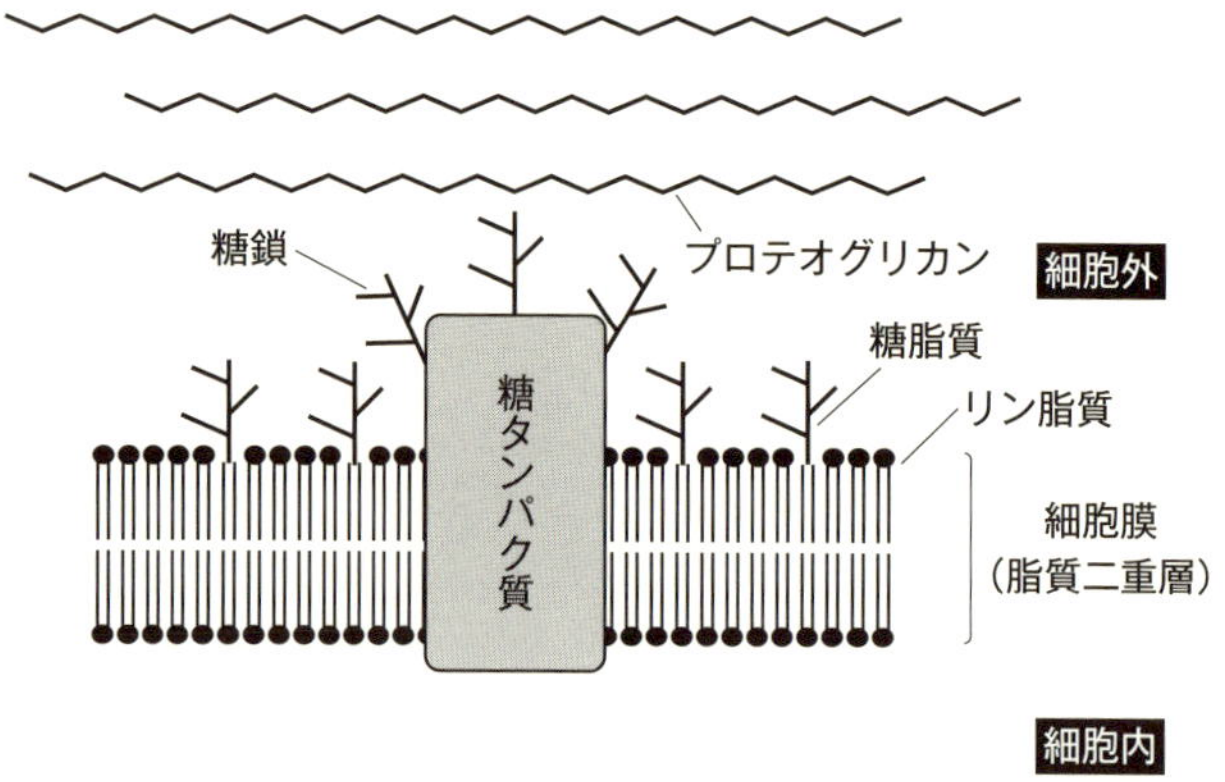

図 6　細胞表面を覆ういろいろな複合糖質

子で、リン脂質に似ているので、脂質二重層に割り込みます。糖鎖部分は親水性なので、膜の外側にでっぱります。ただし糖脂質は脂質二重層の外側の層にだけ割り込むので、糖鎖が茂るのは細胞膜の外側だけです。外側の層のリン脂質の1割くらいの分子数ですが、糖鎖はかさばるので、細胞表面はかなり覆われるでしょう。糖鎖が灌木のように、細胞膜からいきなり枝を伸ばしています。これが、細胞を取りまくいちばん内側の糖鎖層になります。

糖脂質は、細胞表面のインフラ建設のかなめです。細胞膜の表面には、たくさんの斑点状の構造がちらばっています。**ラフト**（いかだ）とよばれていますが、実態はいろいろなタンパク質が集結した、浮かぶ基地です。

生きている細胞の表面では、何百種類もの外交関係の仕事が絶え間なく進行しています。どれも複雑な仕事なので、何種類ものタンパク質が協力しあって進めます。そこで、担当タンパク質が集まった作業センターがいたるところにつくられます。これが「いかだ」状の基地を形成するのです。

この基地形成を先導するのが、糖脂質です。細胞膜の脂質二重層の中で、糖脂質は似たもの同士で集まる傾向があります。するとそこに、その糖鎖を好むタンパク質がやってきます。さらに、そのタンパク質に親和性をもつ別のタンパク質や、それぞれのタンパク質の糖鎖を好むタンパク質もやってきます。メンバーが勢ぞろいする作業センターの建設において、糖脂質の存在は欠かせません。

糖タンパク質　糖脂質の糖鎖層の外側に、糖タンパク質による第二の糖鎖層ができます。

糖タンパク質とは、タンパク質に糖鎖が生えたものです(図5)。細胞の表面で仕事をするものと、細胞から送り出されて、外回りの仕事につくものがあります。実のところ、細胞の外が仕事場というタンパク質では、糖鎖がついていないものの方が例外的です。

細胞膜ではたらくにせよ、外の世界へ派遣されるにせよ、仕事の主導権はふつうタンパク質部分にあり、糖鎖の主な役割はその補助です。細胞内でつくられた糖タンパク質は、まず細胞の外側に出なければなりません。出国審査を通るために必要なパスポートは、糖鎖のタグです。そのタグにあるQRコードのおかげで、糖タンパク質は細胞膜の外側に出られます。タグには、このほかにもいろいろなQRコードがついていて、共同作業をするパートナーと出会うため、ラフトに迎え入れられるため、仕事のタイミングや程度を教えてもらうためなどに、それぞれ役立っています。こうしたQRコード、ひいては糖鎖をちゃんと装備できて初めて、外交にたずさわるタンパク質としては一人前といえます。

細胞膜には、外の世界との窓口業務のために、少なくとも1000種類くらいの糖タンパク質が配備されています。膜に半分くらい埋まったものが多いですが、膜の外側に露出した部分にだけ糖鎖がつきます。膜に埋まった部分や、膜の内側に露出した部分にはつきません。糖脂質の糖鎖が灌木だとすると、糖タンパク質の糖鎖は大木の枝のような位置関係になります。

こうして、細胞膜の表と裏は、まるで違う景色になります。外側は灌木や高木の茂るジャングルで、内側(細胞質側)は砂漠のようです。そして、外側のジャングルの上空を、第三の糖鎖層として、プロテオグリカンが雲のように覆います(図6)。

プロテオグリカン　プロテオグリカンも糖タンパク質と同様、タンパク質に糖鎖がついたものです(図5)。ただ、糖鎖側がむしろ主役で(ひじょうに長い、枝分かれのない1本線の独特な糖鎖で、たくさん硫酸がついています)、タンパク質が補助的な役割をします。

ジャングル上空のプロテオグリカンには、タンパク質部分で細胞膜につなぎ留められているものもあれば、完全に宙に浮いているものもあります。ここにコラーゲンなどのタンパク質も加わって、ゲル状のクッション(細胞間マトリックス)をつくります。関節痛の薬などで「コンドロイチン硫酸」という名前はよく耳にすると思いますが、これもプロテオグリカンの例の1つです。

　プロテオグリカンの糖鎖上にも、いろいろな糖コードがちりばめられていて、インテリジェントな領海線をつくっています。まわりの細胞との付き合い、遠方からきた伝令タンパク質との最初の出会い、病原体に対する防衛など、外交関係の多くの仕事に関係しています。

＊

　こうして私たちの細胞の多くは、タイプの違う複合糖質で三重にくるまれます。どの層にもいろいろな糖コードが飾られるので、細胞の表面は糖コードの大展示場になっています。展示される糖鎖は、細胞の種類、仕事、活動状況などに応じて変わるので、細胞の顔つき、表情などにたとえてよいでしょう。伝令タンパク質、迷惑な病原体など、細胞には訪問者がひっきりなしにやってきますが、細胞表面にたどりつくまでにはこうした糖コードと何回も接触するはずで、それは以降のドラマの展開に大きな影響を及ぼします。

血液型も糖コード！

　さて、こうして個々の細胞の表面に展示される糖コードには、その細胞の種類や活動状況などが反映されています。つまりそうした糖コードは、細胞の個人情報の宝庫なのです。

　糖コードが示す細胞の個人情報の代表例は、何をかくそう血液型です。血液型の違いというのは、実は、赤血球表面の糖コードの違いなのです。

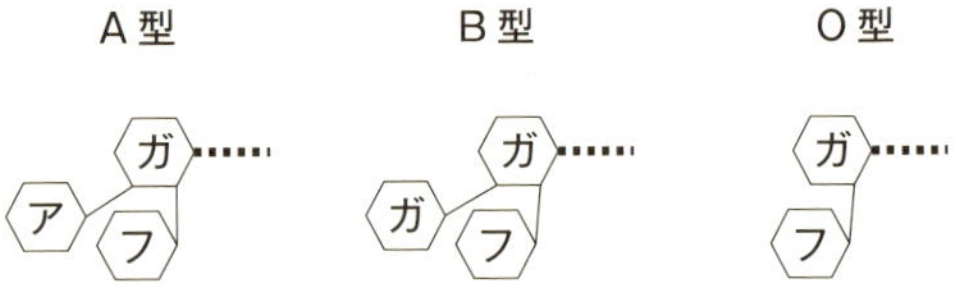

図7　ABO式血液型糖コード。ガ：ガラクトース，ア：N－アセチルガラクトサミン，フ：フコース。いずれも，糖鎖のつけ根側(右)は点線で省略している

他の細胞と同様、赤血球の表面も糖鎖のジャングルですが、クリスマスツリーのように、枝先に血液型の糖コードがたくさん飾られています。1個の赤血球に生えている糖鎖は、糖脂質と糖タンパク質を合わせて1億本くらい。その先に、100万個くらいの血液型糖コードがついています。A型の人ならA型糖コード、B型の人ならB型糖コード、そしてAB型の人なら、A型とB型の両方の糖コードです。O型の人にはどちらもなく、O型の糖コードだけがあります。実は、O型糖コードはみんながもっていますが、AやBがあると存在感が薄くなります。AもBももたない人に限って、Oは血液型として一人前に扱われるのです。

この糖コードの構造を、少し詳しく見てみましょう(図7)。ガラクトース(ガ)、N－アセチルガラクトサミン(ア)、フコース(フ)という3種類の単糖の組み合わせでできています。

A型糖コードは、ガラクトースの3番の「くぼみ」にN－アセチルガラクトサミンの「でっぱり」がつながります。また同じガラクトースの2番の「くぼみ」にフコースの「でっぱり」も結合します。このように二股になるので、A型糖コードはQRコード的になります。左の方、つまり枝先側にはなにもついていませんが、枝のつけ根に向かう右の方には、いろ

いろな単糖がつながっています(図では省略)。

次にB型の糖コードです。A型によく似ていますが、ガラクトースの3番の「くぼみ」に、*N*-アセチルガラクトサミンではなくて、ガラクトースがつながっています。つまりA型とB型では、単糖1個しか違いがありません。

最後にO型糖コードを見ましょう。ガラクトースとフコースの2個だけでできています。枝分かれはありません。すぐわかるように、これはA型とB型に共通する土台(前駆体)です。

O型糖コードのガラクトースの3番の「くぼみ」に、*N*-アセチルガラクトサミンがつくとA型になります。この仕事をするのは、A型の人だけがもっているA型酵素(糖転移酵素の一種、以下同じ)です。B型の人はB型酵素をもっていて、ガラクトースの3番の「くぼみ」にガラクトースをつけます。酵素の仕事は中途半端なので、A型の人にもB型の人にも、やり残しのO型糖コードが残ります。

一方、O型の人にはどちらの酵素もありません。O型糖コードで終点です。このように血液型は、その人が**どんな酵素をもっているか**(もっていないか)で決まるのです。

ちなみに、血液にはいろいろな血球細胞がありますが、ABO式の糖コードを大々的に飾っているのは赤血球だけです。それゆえ、いろいろな血球細胞がある中で、ABO式の糖コードをもつものがあれば、それは赤血球だという目印になります。

ＡＢＯ式の由来

　ある人がどういう酵素をもっているかは、その人の遺伝子の問題です。ＡＢＯ式の血液型は、ヒトが地球上に現れる以前から哺乳類にありました。遺伝子を比較したところ、Ａ型酵素の遺伝子がいちばん古くからあり、これが突然変異してＢ型酵素が生まれたと推定できました。一方、Ａ型酵素の遺伝子が壊れたために、活性のあるＡ型酵素をつくれなくなったのがＯ型の人です。

　人類は、Ａ、Ｂ、Ｏ、ＡＢという4グループに分類できますが、人類全体を見わたせば、存在割合に極端な違いはありません。つまり、どれかの型が子孫を残すのに特に不利ということはなかったことになります。一時的にはどれかが不利だったとしても、まったく偶然に左右されることなので、長期的には平均化されたのでしょう。動物としての優劣に差をつけるほどのものではなかったといえます。

　しかし、現在の医療では重要です。輸血のときに型を合わせないと、重大な医療事故につながります。

　というのも、私たちのからだは、自分のものではない物質を敵とみなし、外来物をピンポイントで攻撃する**抗体**（免疫グロブリン）を用意しているからです。たとえばＡ型の人の血液には、Ｂ型の糖コードを読み取って結合する抗Ｂ抗体があります。もしも誤ってＡ型の人に

B型の血液が輸血されると、よそものだという身分証明書がべたべた貼られたその赤血球は、たちまち抗B抗体に見つかり、破壊されるか、凝集させられるかしてしまいます。これは、循環器系への大きなダメージになります。一方、輸血されたB型の血液には、抗A抗体が含まれています。こちらも、相対的に量は少ないとはいえ、輸血をうけたA型の人の赤血球を攻撃するリスクがあります。

AB型の人には、抗A・抗Bどちらの抗体もありません。O型の人には、抗Aと抗Bの両方の抗体があります。そして、O型糖コードに対する抗体は誰ももっていません。このような関係を踏まえて、輸血のときは血液型を合わせねばなりません。だから、献血者の血液型は必ず調べられるのです。

血液型はなぜあるか

実は赤血球表面にあるのは、ABO式血液型の糖コードだけではありません。それ以外にも、いろいろな糖コードがちりばめられています。そこにも個人差があり、それにもとづく別の血液型も見つかっています。また、白血球の表面にも別の糖コードが飾られているので、それらにも個人差があるはずです。でも実際の輸血では、それらの糖コードの型までは一致させていません。ABO式糖コードにくらべると、存在量が少ないなどの理由で、たとえ副作用がありうるとしてもそれほど深刻にはならないからでしょう。

ＡＢＯ式糖コードが現れるのは遺伝子がA型酵素やB型酵素をつくれと指示するからです。では、いろいろな血球細胞のうちで、なぜ赤血球だけにつくらせているのでしょうか。赤血球のいちばん大事な仕事は酸素の運搬です。それに関係があるのでしょうか？

ところが、そうともいえないのです。**ボンベイ型**という血液型の人がいます。数十万人に1人くらいという、ひじょうに珍しい血液型で、ＡＢＯのどの糖コードももっていません。献血などで偶然見つかるのですが、それは日常生活には特に支障がなかったということのあらわれです。ＡＢＯ式糖コードがない赤血球でも、酸素をふつうに運んでいるし、それ以外の日常生活でも特に困らないようです。ただ、まれにですが、ボンベイ型の人が困ることもあります。血液中にA、B、Oぜんぶの糖コードに対する抗体があるので、万が一、輸血される立場になったら、きわめてまれなボンベイ型の献血者を見つけなければならなくなるのです。

では、赤血球表面に大々的にＡＢＯ式糖コードを展示するのは、一体なんのためでしょうか。ヒントを求めて視点を変えてみましょう。

血球細胞の中でＡＢＯ式糖コードをつくるのは赤血球だけですが、実は、それ以外では粘膜細胞もつくっているのです。たとえば呼吸器、消化管、生殖腺など、外界に露出された器官では、粘膜細胞が粘液を分泌して表面を保護しています。粘液は、糖鎖をたくさんつけたムチンというタンパク質を含みます。この糖鎖には多様な糖コードがあり、その中には、赤血球と同じ型のＡＢＯ式糖コードもあるのです（事件の捜査で、体液を採取できれば犯人の血液型がわかるのはこのためです）。

ムチンの糖鎖は、感染防御に大きな役割を果たします。たくさんの病原細菌やウイルスが、粘膜細胞の糖コードにとりついて感染しようとしますが、粘液のムチンに同じ糖コードがあれば、病原体はこのハニートラップに捕らえられるでしょう。粘液のほうは恒常的に体外に排出されるので、粘膜細胞への病原体の定着や増殖を防げます。ただ、どんな糖コードを好む外敵が侵入してくるかはまったく予測不能なので、わなの糖コードをできるだけ多様にしているのです。掛け捨ての生命保険にめったやたらに入っているようなものですね。

これを参考にすると、もしも病原体が血管内に侵入した場合、赤血球の表面にある糖鎖がその病原体をトラップすれば、被害を軽減できるのではないか、と予想できます。特にウイルスは、核をもたない赤血球にとりついたのでは増殖できないので、赤血球は最初の防波堤としてひじょうに有効でしょう。

動物進化の長い歴史の中で、病原体との過酷な戦いは絶えることなく続きました。遠い先祖の動物のうちで、A型糖コードをムチンや赤血球にのせたものが、ある強力な病原体に対して幸運にも抵抗性になり、生き残ったのでしょう。その子孫から突然変異でB型やO型をもつものも現れ、それぞれも別の病原体に抵抗性になったので、結果的に3種の糖コードが、現生人類に相続されていると考えられます。しかし今では、人類が衛生環境や医療を飛躍的に改善してしまったので、そのありがたみが見えにくくなっているのでしょう。血液型が掛け捨て保険かもしれないなんて、夢をこわされましたか？　とはいえ今後、未知の恐ろしい病原体が出現したときに、そのありがたみを思い知らされるかもしれません。

パッと出て、サッと消える

ＡＢＯ式の糖コードが見つかったのは、糖コードに反応する抗体が体内にあったおかげです。輸血という生物学的に不自然な医療行為がきっかけで、糖コードを厳しく見分ける抗体の存在がわかり、その抗体が、有効な検出手段になりました。

血液型のように細胞の個性をあらわす糖コードは、血液型の他にも、何百とあってもおかしくありません。ところが、そうした糖コードに結合する抗体は自然界ではなかなか見つからず、また人為的につくるのはひじょうに難しいため、利用できるものが少ししかないのです。

細胞の個性をあらわす糖コードとして、これまでに見つかっている数少ないものの１つが、**ＳＳＥＡ－１**（別名ルイスｘ）です（図８ａ）。なんとこの糖コードは、マウスを使った実験で、受精卵が８個にまで分裂したときに出現し、さらに発生が進むと消えてしまったのです。

このＳＳＥＡ－１が見つかったのも、抗体のおかげです。その抗体は、マウスのＥＣ細胞（がん化した生殖細胞）を抗原（抗体をつくらせる原因になる物質）にして、人工的につくられたものです。これは当然ＥＣ細胞に結合しますが、それだけでなく、正常なマウスの受精卵が8細胞にまで分裂した胚にも結合したというわけです。

この糖コードは、発生分化の研究者にとっては、胚が8細胞期に到達したという目印になります。しかし実のところ、マウスの体内ではなにをやっているのでしょうか。

詳しいメカニズムはまだ研究途上です。ただ、この糖コードをつくれないようにした卵子を受精させたところ、発生が8細胞期で止まってしまったことから、これ以降にどんどん増えてゆく細胞をまとめる役割がありそうです。ともあれ、この糖コードの発見をきっかけとして、胚のいろいろな分化段階ごとに、いろいろな糖コードがはたらくのだろうと考えられるようになりました。

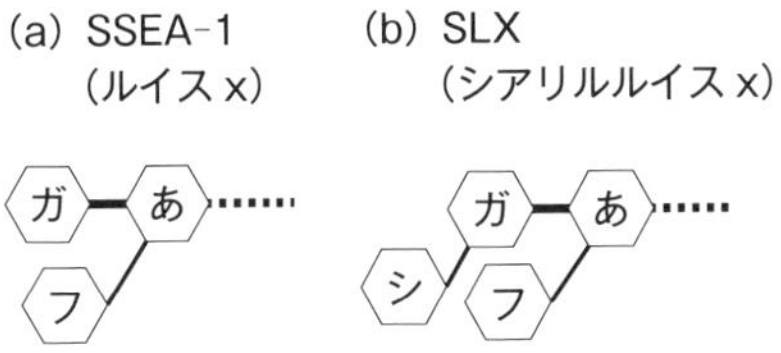

図8　細胞の個性をあらわす糖コード。(a)のSSEA-1はマウスの発生初期胚，(b)のSLXは腫瘍の存在を示すマーカー(印)となる。ガ：ガラクトース，あ：*N*-アセチルグルコサミン，フ：フコース，シ：シアル酸

ＥＳ細胞、ｉＰＳ細胞にも

ＳＳＥＡ－１については、さらに面白いことがわかりました。マウスのＥＳ細胞からも見つかったのです。

ＥＳ細胞(胚性幹細胞：embryonic stem cell)とは、受精卵がある程度分裂したところで、ばらばらにして培養した細胞です。分裂はするけれども分化はしない、つまり、未分化状態を維持できる細胞です。これを適切に刺激す

ると、いろいろな細胞に分化させられるので、多分化能があるといえます。遺伝子をノックアウトした動物、クローン動物などをつくるのに不可欠な培養細胞です。

このES細胞に、SSEA－1が見つかったのです。分化が進むと消えました。

では、iPS細胞はどうでしょうか？　iPS細胞は、分化してしまった細胞(体細胞)を、遺伝子工学で未分化状態に初期化したものです。動物では、いったん肝臓や皮膚などに分化した細胞は、未分化状態に後戻りさせられません。この定めを人為的にひっくりかえしたものです。このiPS細胞も、ES細胞と同じように、未分化のままで増殖し、多分化能があります。

マウスのiPS細胞を調べると、ちゃんとSSEA－1が見つかりました。さらに、もとになった体細胞にはなく、また、iPS細胞を分化させると消えたのです。つまりiPS細胞では、糖鎖をつくるシステムもちゃんと初期化されていたといえます。これは、iPS細胞に起こった初期化が完璧だったという保証の1つになり、たいへんに意味のあることです。

このようにSSEA－1は、天然の初期胚、人工的なES細胞およびiPS細胞で共通に見つかります。この糖コードを展示した細胞を見つければ、その細胞は未分化で、いろいろな細胞に分化できるだろうと推測できます。具体的な役割や、メカニズムがわかる日が待ち遠しいかぎりです。

なお、ここまではマウスの話ですが、ヒトではどうなのでしょうか。ヒトの受精卵を実験に使うことは、倫理的に許されません。ただ、不妊治療で体外受精させた卵子のうちで、実際には使われなかったものからES細胞がつくられており、そうしたES細胞なら調べられます。

調べた結果、SSEA-1は見つかりませんでした。その代わり、別の糖コードがいくつか見つかりました。未分化細胞であることを示す糖コードは、ヒトとマウスで違っていたのです。同じ意味を伝えるのに、日本と中国で違う漢字を使っているようなものです。糖コードの研究の難しさの一端がここに表れています。

ヒトのiPS細胞でも、ヒトのES細胞と同じものが見つかりました。一方で、iPS細胞のもとになった体細胞にはありませんでした。ヒトのiPS細胞でも、糖鎖の合成システムがちゃんとリセットされていたのです。iPS細胞は、ヒトの発生分化と糖コードとの関係を解き明かすことにも大いに役立つでしょう。

がん細胞と「シアリルルイスx」

では、細胞の個性の1つとして、「がん細胞である」ことをあらわす糖コードはあるのでしょうか。実は、少ないながらも、見つかっています。

がん化した細胞では、正常だったときにはほとんどつくらなかった物質を、たくさんつくることがあります。それが血液などに漏れ出したものを検出することで、がんの診断ができます。こうした物質は、「腫瘍マーカー」と総称されます。これまでに見つかった腫瘍マーカーの大半はタンパク質ですが、糖コードも少し見つかっているのです。

たとえば、肺がんなどのマーカーとして「**シアリルルイスx(SLX)**」があります。実はこれ、先述のSSEA-1に、シアル酸という単糖がついたものです(図8b)。シアル酸は特殊な構造の酸性の糖で、今後も何度か出てきます。

ヒトの細胞のうちで、正常な組織の細胞はこの糖コードをほとんどつくりません。ところががん化すると、糖鎖合成システムが混乱して、つくられることがあります。そしてこのがん細胞が壊れると、この糖コードをもつ複合糖質が血液に漏れてきます。そこで、抗体を使って血液を調べ、この糖コードが異常に増えているとわかれば、どこかにがん組織があるだろう、と推定できるのです。

実は、シアリルルイスxの話は、これで終わりではありません。この糖コードは、がん細胞だけではなく正常な白血球もつくっていて、たいへん大事な仕事をしているのです。これについては、第6章で改めて取り上げます。

糖鎖がないと使えない

ここまで、おもに細胞膜にあり、細胞の個性をあらわす糖コードをいくつか紹介してきました。しかし先述のように、糖タンパク質の中には、細胞から外の世界に派遣されるものもたくさんあります。外交官、伝令、スパイ、警官、兵士など、その仕事はさまざまです。それらについている糖鎖の役割については、先にも少し触れましたが、1つだけ、かなりよく調べられている例を紹介しましょう。エリスロポエチン（EPO）という糖タンパク質の糖鎖についてです。この糖タンパク質では糖鎖の存在感が大きく、タンパク質本体の分子量は2万以下なのですが、大きな糖鎖が4本もつくので、全体としては3万以上にふくれ上がっています。

EPOは、血液の酸素運搬能力が低下したときに、腎臓が送り出す伝令タンパク質です。目的地は骨髄で、そこで赤血球の親細胞に接触して、「分裂して赤血球の数を増やせ」と指令します。しかし、人工透析を受けている人は腎機能が低下していて、EPOを十分につくれず、貧血になりがちです。

そこで、遺伝子工学でEPOをつくって補充しようと、ヒトのEPOのタンパク質部分を大腸菌につくらせました。ところが、試験管内では活性があるのに、人体ではほとんど効果がありませんでした。大腸菌のような細菌にはタンパク質に動物型の糖鎖をつける能力がないので、糖鎖なしのEPOしかできなかったのです。ちゃんと糖鎖がついていなければ、人体内では使いものにならない。EPOにとって、糖鎖は必須の装備だとわかりました。

そこで、EPOは動物細胞を使ってつくらねばならなくなり、現在はハムスターなどの培養細胞でつくっています。このEPOには動物型の糖鎖がついており、医薬品として効果があります。

ただ、それでも問題は残っています。この糖鎖は、ヒトの腎臓細胞がつくる糖鎖と同じではないのです。動物種が違えば、また同じ動物種でも細胞種が違えば、タンパク質につく糖鎖の構造は違ってしまうのです。人工的に糖タンパク質をつくろうとするときに、宿命的につきまとう難しさです。これを克服するために、今でも多くの研究者が奮闘しています。

さて、ではなぜEPOに、糖鎖が必要なのでしょうか。

細胞から血管内に送り出されたタンパク質は、さまざまな危険にさらされます。特に恐ろしいのは、タンパク質を壊す酵素（プロテアーゼ）に遭遇することです。しかし、糖鎖が4本もついていれば、それが鎧となってEPO本体を守ってくれます。また分子を大きくしておけば、腎臓で排泄されにくくもなります。そのほか、EPOによる指令の伝達を糖鎖が助けている可能性もあります。

人工のEPOは、実際の治療に役立つ反面、よくドーピングに悪用されて話題になります。赤血球を増やして酸素をたくさん運ばせ、競技に勝とうと手を染める輩が出るのです。しかしこれは、選手の検体中のEPOの糖鎖を調べれば見破れます。糖鎖構造を分析する技術の進歩のおかげで、タンパク質本体は完全にヒト型だとしても、装備品チェックで「メイド・イン・ハムスター」だとばれてしまうからです。

3 糖コードを読みとる——浮気なレクチンの秘密

ここまで、糖鎖がある場所や、糖コードの多岐にわたる役割の一端を紹介してきました。しかし糖コードは、読まれて初めて役に立ちます。では、誰がどのように読むのでしょうか。それは、レクチンというタンパク質です。読み方はいたってアナログ。このタンパク質には、糖鎖がはまり込むくぼみ(糖結合部位、鍵穴によくたとえられる)があります(図9)。そこに糖鎖がきっちりとドッキングしたとき、糖鎖に託された情報がタンパク質に伝わるのです。つまり、2種類の分子が直接に触れ合って、お互いの形を探り合い、レクチンが「自分の鍵穴に合鍵が差し込まれた」と認識すると、糖コードの読み込みは成功です。スマホなら1台で何種類でもQRコードを読みとれますが、生物が使うリーダーは、ごく少ない種類のコードだけを読みとります。**特異性**とよばれる関係です。

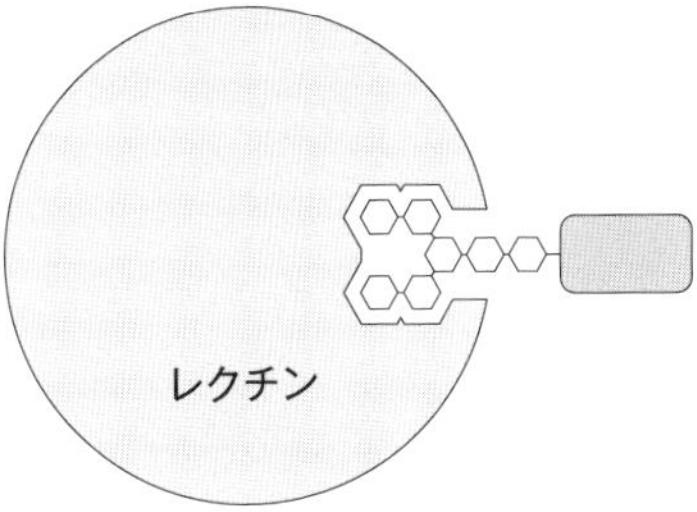

図9 レクチンの模式図。糖コードを受け入れる糖結合部位をもつ

レクチンが糖コードの情報を受け取ると、それをきっかけとして、何かが始まったり終わったりします。からだの中のいろいろなイベントで、レクチンがスイッチの点滅係をしているといってよいでしょう。何百種類ものイベントに関係し、やり方も多種多様です。

このように大切な仕事をするレクチンですが、一方では私たちの敵も、レクチンをさかんに利用します。病原菌、ウイルス、毒素などはそれぞれ自分たちのレクチンをもち、私たちを攻撃するときにそれを利用(悪用)するのです。

この章では、そんなレクチンを紹介しましょう。まずは、レクチン研究の元祖ともいえる物質、リシンの話から。

ある暗殺事件

20世紀の後半、東側諸国と西側諸国が激しく対立していました。そのさなかの1970年代のこと。亡命してロンドンに住んでいたブルガリア人作家が暗殺されました。

ある日、街で誰かの傘が足にぶつかりました。そのときは特に気にせずに帰宅したのですが、翌日から体調が急変して、4日後に死亡したのです。警察が不審に思って遺体を調べたところ、足の皮下から、直径1mmくらいの小さな金属カプセルを見つけました。東欧から送りこまれたスパイが、傘に毒入りカプセル発射装置を仕掛け、邪魔者を消したらしいのですが、真相は闇のままです。

このとき使われたのが、**リシン**という毒タンパク質でした。トウゴマがつくる豆の形をした種子（ヒマ）に含まれています。ヒマは、ひまし油（リシノール酸という特殊な脂肪酸を含む）の原料として、世界中で生産されている農産物です。油を搾りとったかすにリシンが残り、水で抽出できるのです。１mgで成人の致死量になるという猛毒です。

この事件でリシンは一躍有名になり、生物化学兵器というおどろおどろしい烙印が押されました。でもこれは事件のインパクトによる過剰反応です。リシンには揮発性がなく、自己増殖せず、感染性もありません。ごく小規模な暗殺の小道具には使えても、実戦での兵器に使えるとは思えません。

次に述べるように、糖鎖を結合できるタンパク質として最初に見つかったのが、このリシンでした。東西対立のさなかで悪用され、その名誉が汚されたのは、私たち糖研究者にとってはとても悲しいことです。

植物のエキスで赤血球が……

ヒマの毒はかなり昔から知られていましたが、本格的に研究され始めたのは19世紀も後半になってからです。

エストニアのペター・スティルマルクは、この毒の本体を調べる研究の一環として、試験管内でヒマの水抽出液を血液に加えてみました。すると、赤血球が凝集したのです。違う人同士の血液を混ぜると赤血球が凝集することはすでに知られていましたが、植物由来の何かが動物の赤血球を凝集させたのですから、さぞかし驚いたでしょう。

彼は、こうした赤血球凝集をひきおこす植物性の原因物質を、ヘマグルチニン(赤血球凝集素)と名づけました。さらに、その本体がタンパク質だと突き止め、トウゴマの学名(*Ricinus comunis*)にちなんでリシンと名づけて、1888年に発表しました。

この発見が発端となって、いろいろな植物からヘマグルチニンが見つかりだしました。そして、血液とヘマグルチニンの組み合わせ次第で、凝集が起こったり、起こらなかったりすることがわかりました。血液型でもそうでしたが、凝集を起こす組み合わせに相性、つまり特異性があったのです。また、グルコースやグリコーゲンなどが凝集を阻害することもわかりました。

こうした発見の積み重ねで、なぜ赤血球が凝集するかわかってきました。赤血球の表面には糖鎖が生えています。一方、ヘマグルチニンにはそれを認識する糖結合部位があると考えられます。ヘマグルチニンは何分子かが合体して行動することが多く、合体物1個あたりの糖結合部位が複数になります。これが赤血球の糖鎖に結合することで、赤血球の間に縦横無尽に橋をかけ、これを凝集させるのです。

赤血球凝集素からレクチンへ

１９７０年代になると画期的な技術が現れ、新しいヘマグルチニンがどんどん見つかるようになりました。

寒天でつくった小さなビーズ（直径0.1㎜以下）に糖を共有結合させます。このビーズを植物や動物などの抽出液に投入すると、その糖を好む（親和性をもつ）タンパク質が、ビーズにくっついてきます。つまり、狙った魚の大好物をつけた釣り針を使って、それにとびつく魚を釣り上げるように、ある糖を餌にして、その糖を好むタンパク質を釣り上げることができるのです。たとえばガラクトースを餌にすれば、ガラクトースを含む糖コードを好むタンパク質を釣り上げられます。

このやり方で、糖結合能力をもつタンパク質を次々と見つけられるようになりました。そうしたタンパク質の由来は、当初は植物にかたよっていたのですが、やがて動物からも見つかるようになり、それらをあわせて、新たに**レクチン**という名前がつくられたのです。現在、「レクチン」は、糖を結合するタンパク質を全般的に表す呼び名になっています。

今では植物だけでなく、動物、菌類（キノコやカビ）、細菌、ウイルスにいたるまで、つまりあらゆる生物でレクチンが見つかっています。レクチンが糖コードを読むというのは、生物にとってもっとも基本的な行為の１つだということがわかるでしょう。そうしたレクチンのはたらきはまさに千差万別で、私たちの想像力をはるかに超えているので、新しいレクチンが見つかると、新しい研究分野が生まれることも珍しくありません。

リシンはなぜ毒なのか

ここでもう一度、リシンの話に戻りましょう。リシンはなぜ毒なのでしょうか。リシン発見のきっかけは赤血球を凝集したことでしたが、実はそれは、リシンの猛毒の根本的な原因ではなかったのです。

リシンが狙う本命は赤血球ではなく、からだの中の活動的な細胞たちでした。リシンはそうした細胞にとりついて、中に侵入して殺すのです。そしてその侵入手段に、レクチンならではの特技が悪用されていたのです。

リシンは、Aサブユニット(以下A)とBサブユニット(以下B)という2種類のタンパク質が合体してできています。Aの方が殺し屋です。Bはレクチンで、ガラクトースを末端に露出した糖コードに結合します。動物細胞の表面にはこうした糖コードがたくさんあるので、リシンはこのBを使って、細胞の表面にとりつきます。

一般に動物の細胞には、表面糖鎖に結合したものを、細胞膜ごと内部に引き込むというしくみがあります(**エンドサイトーシス**)。大きなものを細胞内に搬入する機構です。殺し屋Aはこのしくみに便乗して細胞内に入ってから、Bを切り離して身軽になり、殺し屋としての仕事を始めるのです。

Aはリボソームを攻撃して、機能不全にしてしまいます。リボソームは、タンパク質を合

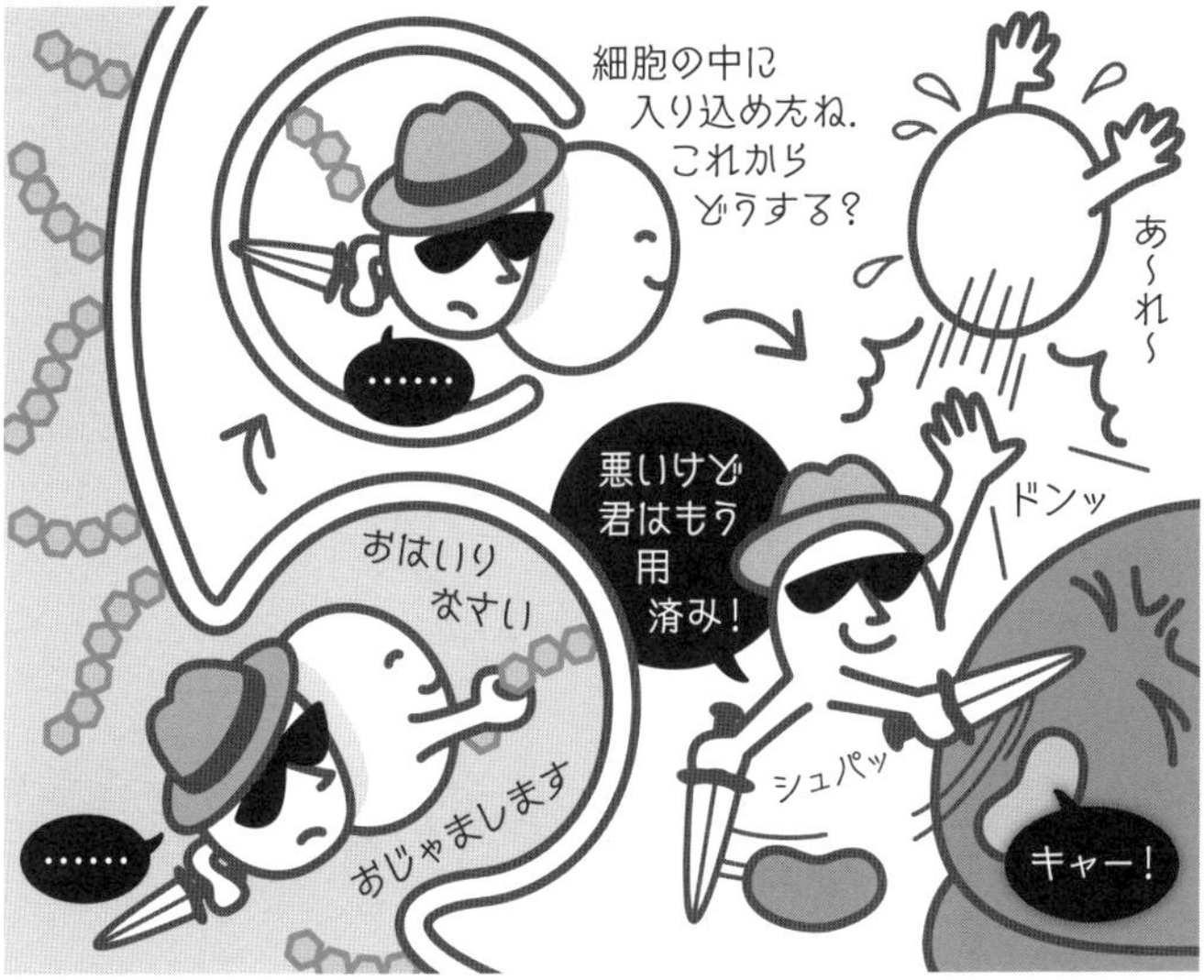

マンガで糖鎖劇場●1　殺し屋リシン

成するための大切な装置です。Aは加水分解酵素の一種で、リボソームを構成する数十個のタンパク質と3個のRNAのうち、いちばん大きなRNAの4324番目のアデニル酸から、アデニン塩基を切り離してしまうのです。驚くべきピンポイント攻撃です。このたったのひと太刀が致命傷になって、リボソームは完全にダウンします。ボルトを1本だけ引き抜いて飛行機を飛べなくするようなスゴ業です。

Aは細胞内を駆け回って、次々とリボソームにとどめを刺してゆくので、細胞は新しいタンパク質をつくれなくなって死んでしまいます。さらに、あいつぐ細胞の不審死に、からだの防衛システムがパニックになり、過剰反応して自分の細胞や組織までみさかいなく攻撃し始め、大きな動物であっても自滅してしまうのです。

殺し屋Aは、自力では細胞に侵入できません。善意のレクチンBに手引きをさせて、目的を果たします。レクチン研究がライフワークの私としてはいささか残念な使われ方ですが、多くの病原菌、ウイルスなども、細胞に侵入する常套手段としてこれを使っています。

リシンと同じ作用をする毒素をもつ植物は、トウゴマ以外にもいくつも見つかっています。こんな物騒なタンパク質をなんの目的でつくるのか、よくわかっていません。ウイルスの増殖を抑える、種子が動物に食べられるのを防ぐ、動物に下痢を起こさせて未消化の種子をまき散らさせるなど、諸説ありますが、決定打はありません。

さて、ここまでの話だと、レクチンは単なる有害タンパク質だと思われかねませんが、それは違います。レクチンは私たちのからだの中で、いろいろな本質的に大事な仕事をしています。でもそれがわかるまでには、かなり時間がかかりました。

新展開

リシンの発見以来、たくさんの植物レクチンが見つかりましたが、その存在意義はなかなかはっきりしませんでした。

それでも、レクチンは研究手段としてはたいへん役に立ち、大いに利用されました。というのも、レクチンは糖の検出や種類の推定に役立つのです。レクチンに蛍光性のラベル分子をつけて、組織、細胞などを染色し、顕微鏡で観察すれば、どんな糖がどこにあるかが見えます。赤血球の凝集反応を利用して、ヒトの血液型を判定できる植物レクチンもあります(A型はリママメ、B型はエンジュ、O型はミヤコグサなど)。植物から人間への、ありがたいプレゼントでした。

そんな中、1960年頃に、新展開がありました。「植物レクチンが、動物細胞の分裂のきっかけをつくる」という発見です。リンパ球の培養液にインゲンマメのレクチンを加えると、リンパ球が活発に分裂を始めたのです。これが、動物で糖鎖がどんな役割をしているのかの大きなヒントの1つになりました。動物細胞の表面にある複数の糖鎖の間にレクチンが橋をかけると、細胞膜の様子が変わり、それが引き金になって細胞活動が変化するのだろう、と考えられたのです。同じ作用をする自前の動物レクチンがあるかもしれない。動物のレクチンに対する関心も大いに高まりました。

そうして新しい動物レクチンが見つかり始めると、レクチンによる予想外の仕事が次々に見つかったのです。例をいくつか紹介しましょう。

肝臓のレクチン――ラベルを読みとって廃品回収　動物レクチンの役割がわかった第一号は、意外も意外、廃品回収業でした。

血液中にはたくさんのタンパク質が含まれていますが、毎日のように更新されています。

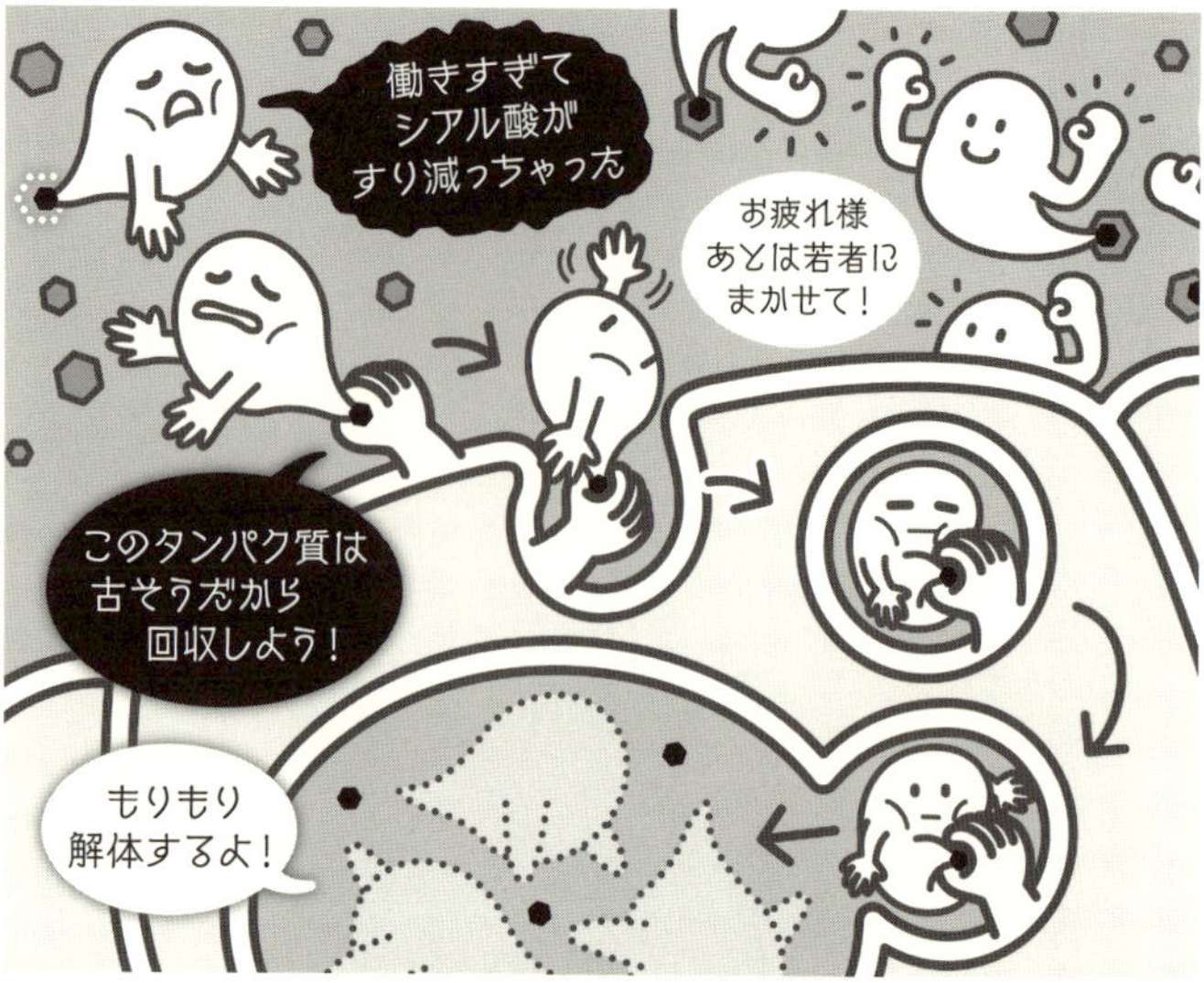

マンガで糖鎖劇場● 2　肝臓にて

では、古いタンパク質はどこへ行くのでしょうか。

行方を追跡する常套手段は、放射性の標識をつけることです。血液タンパク質のほとんどに糖鎖がついているので、そこを標識するのが便利です。糖鎖のいちばん端にはシアル酸がついていることが多いのですが、これをはずすと、内側のガラクトースが露出します。それにトリチウム(放射性水素)をつけます。

さて、こうして用意した放射性のタンパク質をウサギの血管に注入すると、わずか数分で血液から消えてしまいました。その行方を突き止めると、肝臓だとわかったのです。

こうして、糖コードがタンパク質の

賞味期限表示ラベルとなっており、肝臓で廃品回収業のレクチンがはたらいている、という予想外のことがわかりました。血液タンパク質についている糖鎖は、体内を循環している間に、シアル酸をむしり取る酵素に何度も出会うので、古くなったものほどガラクトースがむきだしになります。これが、タンパク質の古さを示すラベルになるのです。一方、肝臓細胞の表面膜にはガラクトースを結合するレクチンが埋まっていて、血液が肝臓を通過する際にこうしたラベルを見つけて捕捉し、タンパク質もろとも細胞内に呑み込んで、リソソーム(細胞内の廃棄物処理工場)で解体してしまいます。

マンナン結合タンパク質(MBP)——細菌から体を守る

マンノースという単糖を露出した糖鎖に結合するレクチンです。血液に含まれていて、からだ中をパトロールし、血管内に侵入する細菌を見張っています。細菌の表面にはマンノースがたくさん露出している一方、私たちの細胞表面には露出したマンノースはごく少ないので、MBPは細菌を侵入者だと判断し、その表面に結合します。血液中には「補体」という、細胞膜に穴をあけるタンパク質も巡回しており、細菌に結合したMBPがそれを呼び寄せるので、細菌はやがて破壊されてしまいます。

ガレクチン——橋をかける

植物レクチンであるリシンの発見の糸口は、細胞表面の糖鎖の間に橋をかける性質でした。似たことをする動物レクチンも見つかっています。ガラクトースを含む糖コードに結合する、ガレクチンというグループで、細胞表面の複合糖質の間に橋をかけます。これによって細胞と細胞がくっつくこともあれば、1個の細胞の表面で、複数の糖タンパク質がつなぎ合わされることもあります。細胞表面のラフトの建設、細胞活動の刺激など、いろいろな仕事をする便利屋的なタンパク質です。

シグレック――免疫をやわらげる　シアル酸に結合するレクチンで、免疫関係の細胞によってつくられます。免疫は精巧な危機管理システムですが、ひじょうにデリケートです。鈍感だと敵の攻撃を見逃しますし、敏感すぎると誤作動を起こし、アレルギーやアナフィラキシー、自己免疫疾患などにつながります。そこでこのシグレックは、細胞の糖鎖に結合して、免疫細胞があまり過敏にならないように調節しています。

ガラガラヘビのレクチン――意地悪の極致　ガラガラヘビの毒液は、細胞膜を溶かす酵素、血液凝固系をかき乱すタンパク質など、血液循環系を混乱させるタンパク質のカクテルです。その1つに、ガラクトースに結合するレクチンもあります。赤血球表面にはガラクトースを露出した糖鎖がかなりあるため、これにはものすごく強い赤血球凝集作用があります。ヘビは、こんな攻撃的なレクチンまでつくってしまったのです。意地悪の極致ですね。

隠れレクチン

さらに、初めからレクチンとして見つかったもの以外に、「隠れレクチン」もいろいろと見つかってきました。酵素、酵素阻害タンパク質、伝令分子などとして知られていた細胞外タンパク質が、糖結合能力をもつ、という例が次々と見つかるのです。どこに糖との接点があり、なぜそんな能力が必要なのでしょうか。とうぜん、しかるべき意味があるはずです。

複雑な細胞社会の中ではたらくタンパク質は、一匹狼としてふるまってはならず、時と場所と場合をわきまえねばなりません。また、他のタンパク質との協調も欠かせません。いかに有名なプリマドンナであろうとも、オペラの舞台で、マイペースでアリアを歌うわけにはゆきません。指揮者からの指示、舞台での立ち位置、共演者とのからみ、小道具の使い方など、さまざまな制約をわきまえて、初めて歌えるのです。

タンパク質が細胞の外ではたらくときも同じです。ガイドや後見役、制御役、介助役など、たくさんのサポート要員に助けてもらわねばなりません。糖鎖もその重要メンバーなので、タンパク質としては、糖コードを読めないと困ります。そこで、こうしたタンパク質はしばしば、レクチンの能力ももつのです。こうしたことは、単純化された試験管内での研究ではとかく見逃されてきました。

たとえば、細胞外に送り出された「隠れレクチン」タンパク質は、どこではたらくべきか教えられていません。一方、そのタンパク質を待ちうける細胞や組織は、看板(糖コード)を掲げます。そこでタンパク質は、血液や体液にのって移動する中で、自分の中のレクチン部分で糖コードを読んで、ここが赴任地だと判断するのです。こうした二刀流タンパク質の例としては、たとえばいろいろな細胞増殖因子が知られています。読まれる側の糖コードは、看板としてはたらくだけではなく、タンパク質の仕事をいろいろと手助けもします。

タンパク質界の異端児

いくつかレクチンを紹介してきましたが、実はレクチンは、タンパク質としてはかなり異端です。人であれば、ふしだらと断罪されること間違いなしです。

タンパク質は一般に、生命の中で、いちばん大事で、いちばん難しい仕事を担当しています。そんなことができる最大の理由は、パートナーを間違えないことにあります。ほとんどのタンパク質は、鍵と鍵穴の関係、つまり一対一の関係をしっかり守ります。たとえば酵素は決まった基質を、受容体は決まったホルモンを、抗体は抗原を、など正しいパートナーとだけつき合い、浮気はしません。結合力も強いのがふつうです。この貞節のおかげで、私たちのからだの中では、大事な行事が秩序正しく進行するのです。

ところがレクチンは、こうした道徳的に正しいタンパク質とは大違いです。つき合う相手に対して、そうとうにルーズなのです。ある程度構造が似ている糖鎖であれば、受け入れてしまいます。複数の糖コードを結合するものが、むしろふつうです。一般的なタンパク質が一対一でパートナー関係を結ぶのに対して、レクチンのほとんどは一対多の関係になります。

レクチンの鍵穴(糖結合部位)はゆるめにつくられていて、かなめになる構造さえあれば、他の部分が多少違っていても受け入れてしまいます。かなめになる構造とは、たとえば「ガラクトースがβ結合していること」などです。漢字でたとえると、レクチンは「鮭」「鱒《ます》」「鰊《にしん》」など、いくつもの魚偏の漢字を読みます。それに対して、酵素や抗体などはたった1つの漢字、たとえば「鯛」だけしか読みません。

鍵穴がゆるめならば、何種類もの合鍵を差し込めますが、当然抜けやすくなります。つまり、レクチンは結合力が弱く、離れやすいのです。複数の糖コードをパートナーとし、しかも関係が長続きしにくい。これがふしだらだというゆえんです。

モーツァルトの歌劇ドン・ジョヴァンニ、モリエールの喜劇ドン・ジュアンの主人公のモデルは、伝説的なスペインの好色男ドン・ファアン。貞操観念ゼロ、つぎつぎと女性をたぶらかし、飽きっぽくてすぐ捨てる。不とどききわまりない輩です。レクチンはまさに、タンパク質界のドン・ファアン。不誠実でいい加減で、持続性に欠けています。ところが現実にあらゆる生物が使っているところをみると、決して排斥されておらず、むしろ不可欠なメンバーとされているようです。なぜでしょうか。生命の奥深さは半端ではありません。

ドン・ファアンはなぜ必要？

不道徳なレクチンの存在意義を探るため、対極にある血液型抗体と比較してみましょう。こちらは免疫系がつくったタンパク質で、体内に侵入してきた赤血球の表面の糖コードを検出します（糖コードを読むタンパク質ですから、こちらもレクチンとよばれそうですが、抗体すなわち免疫グロブリンは、レクチンとよばないならわしになっています)。

この抗体の性格は、レクチンとはまるで反対です。たとえば、B型の人がもつ抗A抗体は、A型糖コードとB型糖コードとのわずかな違いを厳密に見分けます。そしていったんA型糖コードに結合したら、まず離れることがありません。こうした厳格な特異性と持続性は、抗体の役割(侵入者を確実に見つけ、逮捕したら決して逃がさない)にぴったりです。タンパク質界のシャーロック・ホームズかコロンボですね。この目的のために、少しのゆるみもない鍵穴がオーダーメイドされているのです。

一方、レクチンの仕事は千差万別です。中にはマンナン結合タンパク質(MBP)のような警官もいますが、多くは案内人、仲人、応援団、アシスタントなどです。こうした仕事は、必要に応じて始め、必要がなくなったら終える一過性のものが多いのです。つまりスイッチを入れたり、切ったりする**調節的**な役割がメインなので、レクチンはそれに向くようにつくられています。

生物は絶えず変化する状況に取りまかれ、うまく対応するために懸命です。たくさんの活動をこと細かにかじ取りし続けねばなりません。多くのレクチンは、そうした調節的な仕事を担当しています。たとえばレクチンが細胞表面のある糖コードに結合すると、ある現象のスイッチが入ります。その現象が目的を果たしたら、スイッチを切らねばなりませんが、それにはレクチンが糖コードから離れる必要があります。ここでレクチンの結合力が強すぎると、なかなか離れられません。未練なくさっさと離れられるためには、レクチンの結合力が適度に弱くなければならないのです。

もう1つの疑問、レクチンのパートナーが複数なのはなぜでしょうか。生物は、設計図なしに糖鎖をつくっています(第5章参照)。そのため、決まった構造のものを確実につくれる保証がありません。もしもレクチンがたった1つの糖コードに固執すると、相手を見つけられずに終わる可能性があります。そこで多少の違いは大目に見ようと、現実に妥協する必要もあったのでしょう。婚活で理想を追いすぎず、要求水準を少し下げて候補を増やすようなことでしょうか。第三の生命情報メディアとして、あれこれ問題の多い糖鎖を採用してしまったがゆえに、読みとりタンパク質の浮気を容認せざるをえなくなったのでしょうか。

冗談はともかくとして、レクチンの不道徳性は、生命の在り方の根幹とも関係していそうです。それは、生命に**柔軟性**と**多様性**を与える効果です。タンパク質の約90%は、生真面目で優秀な官僚で、与えられたただ1つの任務を忠実に遂行します。それはそれでひじょうに大事なことです。しかし、生物は生きてゆく上で、想定外の事故、予想外の敵の出現、環境変化などにいつもさらされています。決まったマニュアルに従うことしかできないシステムでは、臨機応変な対応ができません。そんなときには、杓子定規でない担当者が、不揃いな対応をすれば、選択肢が増えて、少しでもましな道を探れる可能性があります。

たとえば、糖鎖の生合成システムにはいい加減さがつきものなので、同じ種類の細胞であっても、細胞ごとに表面糖鎖のパターンが微妙に違います。すると、そこにレクチンを備えた伝令タンパク質がやってきても、結合する糖コードの顔ぶれは細胞ごとに微妙にばらつくでしょう。その結果、同じ伝令分子に対して、敏感に反応する細胞、鈍感に反応する細胞などが出てくるので、全員の足並みは揃わなくなるでしょう。

しかし、それは悪いこととはかぎりません。たとえば間違った情報がもたらされたときでも、全員がその情報に一斉に踊らされることにならず、冷静な細胞が残っていれば安全弁になりえます。強力な病原体に出会ったときにも、一部の細胞は攻撃をかわして生き残れるかもしれません。全員一丸は、よいことばかりとは限らないのです。

不揃いといい加減さを内包する系は、多様で、柔軟で、ふところが深い。個体の一生でも、生物進化の歴史でも、なあなあで行動し、清濁あわせ呑むレクチンが、硬直化を回避することにいろいろと貢献してきた可能性があります。強いもの、厳しいものにだけ価値があるわけではない。生命の持続性には石部金吉だけでなく、ドン・ファンもいた方がよい。レクチンはこんなことを教えてくれているようです。

◯コラム◯豆ダイエット副作用事件

豆類にはレクチンを含んでいるものが多いのですが、それがなんのためなのか、完全には説明できていません。発芽の調節をする、発芽のエネルギー源にする、動物に食べられるのを防ぐなど、いろいろな役割をあわせもっているようです。

そもそもの役割が何であるにせよ、豆のレクチンはタンパク質としては頑丈な方なので、動物に食べられたとき、一部は分解されずに腸に到達します。これが腸管細胞の表面の糖鎖に結合すると、不自然な刺激を受けて細胞が混乱し、中毒が起こってしまいます。小さな昆虫なら死ぬかもしれないし、大きな草食動物でも体調に影響があるでしょう。

かつてテレビで、とんでもない健康番組が放映されたことがあります。豆には人の糖質消化酵素を阻害するタンパク質が含まれているので、それが壊れない程度に軽くあぶって食べると、ダイエット効果がある、と紹介されたのです。その結果、その日のうちに1000人以上の視聴者が体調を崩すという大騒ぎになりました。

私の研究室の講師は、この番組の企画段階で、テレビ局から意見を求められていました。彼は、生の豆のレクチンが健康障害を起こすという動物実験の結果を知っていたので、危険だからやめた方がよいと忠告しましたが、ディレクターが聞く耳をもたず、放映されてしまったのです。豆に含まれるレクチンが、加熱不十分でほとんど壊れずに腸に届き、腸細胞をかく乱した可能性が大いにあります。テレビの健康番組が、はからずも大規模な人体実験の場を提供してしまったのです。

しっかりと火を通していない豆を食べてはいけません。レクチンばかりでなく、消化酵素を阻害するタンパク質、リシンと同類のタンパク質など、豆は動物に意地悪するものを含むことが多いからです。それに成功した種が存続してきたともいえるでしょう。ただ豆にとって想定外だったのは、そんな有害タンパク質まで、煮たり焼いたりして、栄養源にしてしまう動物が現れたことです。皮肉なことに、一部の豆はそのおかげで農作物となって、さらなる大成功をとげたのですが。

4 ミルクのオリゴ糖がきた道

ここでちょっと目先を変えてみましょう。ミルクの話をします。

哺乳類はミルクで子育てを始めたのが功を奏したのか、今日まで繁栄しています。ところが人間は、なんと乳飲み子だけでなく、大人までミルクに頼るようになりました。ミルクがなければバターもチーズもつくれないし、おいしい料理やお菓子もつくれません。ミルクは卵と並んで、人々の食生活を豊かにしてくれた立役者です。でもそれだけではありません。おしゃべりな糖、つまり情報糖鎖の研究も大いに助けてくれました。もしミルクがなかったら、この分野はまだ遅れたままだったでしょう。

ミルクはタンパク質、脂肪、糖質などの、子育てにとって必要な栄養素をバランスよく含んでいます。ところが大きなパラドックスがあります。糖質の一部として、**ミルクオリゴ糖**とよばれるものがかなり含まれていますが、それが栄養になりません。構造が複雑すぎて、乳飲み子には消化できないのです。なぜ、こんな無駄なことをするのでしょうか。

牛と羊に品種改良された人間たち

私たちは家畜のおかげで、快適で優雅な暮らしを享受しています。衣食住、労働力、移動手段、心の癒しなど、助けてもらっている場面はきりがありません。家畜は人間のため(だけ)に役立つように、極端に品種改良されています。

とはいえ、人間がかれらを一方的に品種改良したと思うのは、上から目線もはなはだしい。家畜に依存するうちに、いつの間にか、人間もかれらによって選別され、品種改良されたのですから。その例の1つがミルク耐性です。ヨーロッパ人の大人の約8割は、牛乳を飲んでもお腹をこわしません。ところが日本人も含めたアジア人の大半は、大人が牛乳を飲むとお腹の調子が悪くなります。これが本来の人間のありかたなのですが、ヨーロッパ人は、何千年も酪農に依存してきた結果、ミルクに耐性になった人が現れ、その子孫が大半を占めることになったのです。

ミルク不耐性の原因は、ミルクにたくさん含まれる**ラクトース**(乳糖。人乳には7%くらい含まれる)を消化できないことです。ラクトースは、β型のガラクトースがグルコースのC_4に結合した二糖(図10)です。こんな小さな糖鎖でも、消化管では吸収できないのです。消化管細胞の表面に、この糖鎖の搬入装置(輸送タンパク質)がないからです。ガラクトースとグルコースに切り分けて初めて、腸管の細胞が吸収できるようになります。

乳飲み子の小腸では、この切り分けを担当するラクトース分解酵素(ラクターゼ)がつくられています。ところが、歯が生えそろって固形物を食べられる頃になると、ラクターゼをつくらなくなるのです。すると、分解できないラクトースが腸内にたまり、浸透圧で腸の細胞から水を吸い出すので、下痢を起こしてしまいます。また、腸内細菌の一部がラクトースを発酵してガスを発生させ、お腹が張って気分が悪くなります。こうした変化は乳離れをうながす効果があるのでしょう。哺乳類の雌は、授乳している間は妊娠できないものが多いため、仔をなるべく早く乳離れさせれば、子どもを多くつくることができます。乳飲み子の時期にだけラクターゼの遺伝子をはたらかせて、乳離れの時期を見計らってスイッチをオフにする、これが自然の知恵です。

しかし、人間はとかく自然にさからいます。牛や羊を家畜化したヨーロッパや中東の地域で、大人になっても平気でミルクを飲める人が出現し(最初は1人)、横取りして飲み始めました。突然変異のためにラクターゼ遺伝子のスイッチが壊れて、オフにできなくなったからです。これは、過去1万年くらいの間に起こったことのようです。この突然変異には一見、有利さなどありそうに見えません。ところが、家畜のミルクを飲むという想定外の食文化を創った人たちは、この故障で大きなメリットを得ました。食料を確保するのが大変だった時代に、栄養豊富なミルクをがぶがぶ飲み、健康が増進して、子

図10 ラクトースの構造。ガ：ガラクトース，グ：グルコース

孫をより多く残せたのです。

今日のヨーロッパ人の8割ほどは、この変異をもっています。牛や羊が、いかに厳しく人を選別したかのあかしです。一方、東洋人は大半がミルク不耐性です。誇るべきことなのかはいざ知らず、私たちは牛や羊によって仕分けされていません。

ところで今日では、日本人も牛乳をよく飲みます。西洋文明が入ってから150年くらいの間に、日本人が一斉に突然変異を起こすなどありえないので、後天的な慣れだと思われます。乳離れ後もミルクを飲み続けると、ラクターゼ遺伝子のスイッチをオンにしやすくなるのか、あるいはラクトースを分解する腸内細菌が増えているのか、いろいろな可能性が考えられます。

新参者、ラクトース

ラクトースは不思議な二糖で、ミルク以外には自然界にほとんど存在しません。つまり、哺乳類が出現した後で、初めて大々的につくられるようになった新参者の糖なのです。しかも哺乳類であっても、つくれるのは授乳期の乳腺細胞だけなので、つくる特権は雌だけにあります(男性で乳汁を分泌する例がまれにあるそうですが、そういう人はラクトースもつくれるのでしょうか……)。

なぜ、ミルクに加える糖質栄養源として、ラクトースが選ばれたのでしょうか。ラクトースなら哺乳類を繁栄させられると、神様が考えたのでしょうか。

どうもそうではなく、偶然のいたずらだったようです。もともとは違う目的だったものが、転用された結果のようです。

ラクトースはだまされてつくられる

ラクトースはエネルギー源だから、おしゃべりな糖と関係ないのでは、と思われるかもしれませんが、実は大ありです。乳腺でラクトースがどのようにつくられるかを探ると、その理由が見えてきます。

β型のガラクトースをグルコースのC_4につなげれば、ラクトースができます。ごく簡単な仕事のようですが、実はそうではありません。なんと哺乳類は、この反応を進める酵素(ラクトース合成酵素)をもっていないのです。なぜか生物は、単糖同士(たとえばグルコースとガラクトース)をつなぐことをあまりしません。そのかわり、すでに脂質やタンパク質に結合している糖鎖があれば、その末端に単糖をつけ加えてゆくのがふつうです。ゼロからは始めず、出来合いの糖鎖があればそれを延ばすのです。

ではなぜ乳腺にかぎって、ラクトースをつくれるのでしょうか。実は乳腺の中では、かなり奇想天外なことが起こっています。詐欺師のタンパク質が、ある酵素をだまして、本来とは違う仕事をやらせているのです。だまされる酵素とは、糖転移酵素の1つです。この酵素

マンガで糖鎖劇場◆3　それは詐欺師のしわざ

は本来、糖タンパク質の糖鎖の末端に*N*-アセチルグルコサミンがあるとき、それにガラクトースをつなぐ役割をします。

　一方、乳腺では授乳期にだけ、α-ラクトアルブミンというタンパク質が出現します。これがいわば詐欺師で、単身のグルコースを抱きかかえて、くだんの糖転移酵素にすり寄ります。するとこの糖転移酵素は、詐欺師がもってきたグルコースを、糖鎖の端にある*N*-アセチルグルコサミンだと誤認して、ガラクトースをくっつけるのです。

　詐欺師であるα-ラクトアルブミンは、哺乳類の先祖でリゾチーム（細菌の細胞壁の糖鎖を加水分解して殺菌する酵素）が突然変異を起こしてできたものです。偶然に生まれ、出世の保証などなかったタンパク質ですが、結果的に哺乳類を大いに繁栄させ、ついにはヒトまで出現させ、地球の未来を変えてしまったという、とんでもない黒幕です。

このように、哺乳類の雌の乳腺では、糖鎖を延ばすことを本業とする酵素が、だまされてラクトースをつくっているとわかりましたが、この話はまだまだ意外な展開をします。

ラクトースよりオリゴ糖？

ミルクにはラクトースがたっぷり入っているというのは、実は先入観です。私たちにおなじみの人間や牛のミルクではそうなのですが、そうでない哺乳類もかなりいるのです。哺乳類の初期の姿を残す単孔類（カモノハシなど）や有袋類（カンガルーなど）、また我々と同じ真獣類でもクマなどでは、ミルクにラクトースがほとんど含まれていません。広く見渡すと、ラクトースはミルクの必須成分ではないのです。

一方、そうした動物のミルクでも、単糖が数個〜十数個つながったオリゴ糖はかなり豊富に含まれています。オリゴ糖の方が、むしろミルクの必須成分のようです。人間のミルクにも、オリゴ糖は1リットルあたり10g以上含まれ、出産直後の初乳には特に多く含まれます。

オリゴ糖の種類は200以上にものぼりますが、よく見ると、どれも根元（右端）にラクトースの構造があります（図11）。単糖を土台にできない糖転移酵素でも、ラクトースなら土台

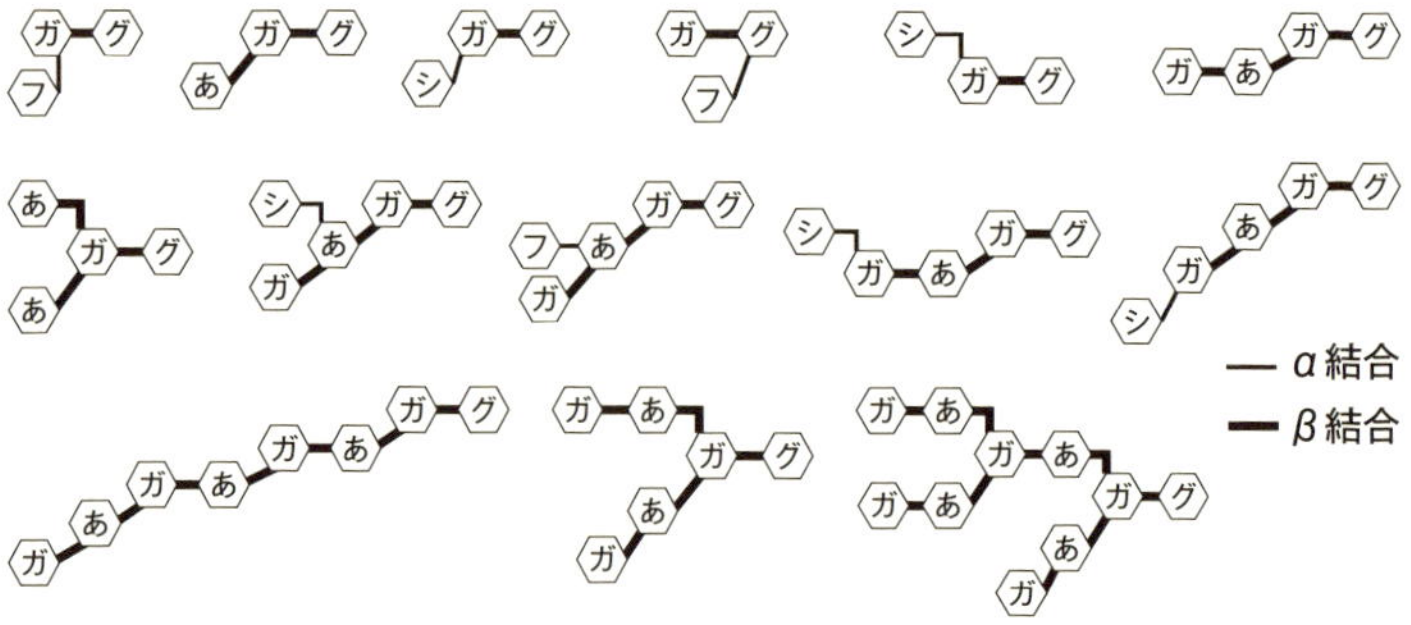

図 11　ヒト母乳中の多様なミルクオリゴ糖の例。ガ：ガラクトース，グ：グルコース，あ：*N*−アセチルグルコサミン，フ：フコース，シ：シアル酸

にできるので、そこから糖鎖を延ばしたことがわかります。乳腺ではこのやり方で、いろいろな構造のオリゴ糖がつくられています。

「私をつかまえて」

ところが驚くべきことに、ミルクオリゴ糖は乳飲み子の栄養にはなりません。腸管で吸収するためには単糖にまで分解せねばなりませんが、こんな複雑な糖鎖を分解できる消化酵素は、消化管にはないのです。なぜ栄養にならないものを手間ひまかけてつくって、乳飲み子に与えるのでしょうか。

新生児は、腸内が無菌の状態で生まれてきます。すると、外の世界のウイルスや細菌が、そこを縄張りにしようとすかさず侵入してきます。これらの多くはレクチンをもっていて、腸管の細胞の表面糖鎖に取りついて定着しようとします。

しかし、もし、そのレクチンの糖結合部位を、ミルクオリゴ糖が先まわりしてふさいでしまえば、そうしたウイルスや細菌が細胞にとりつくのを阻止できます。ただ、侵入者のレクチンがどんな糖鎖と結合するかなど予測のしようもないので、なるべく多様なオリゴ糖を用意しておき、どれかが役に立つ可能性にかけているのです。図11の例はほんの一部ですが、それでもバラエティー豊かです。こんなおしゃべりなオリゴ糖たちがよってたかって、「私をつかまえて」と、侵入者のレクチンを誘惑するのです。

これは迷惑な侵入者の定着を阻止する役割ですが、真逆の役割もあります。良い細菌が腸内にすみ着くのを奨励するのです。

というのも、ミルクオリゴ糖は構造が複雑すぎるので、ほとんどの細菌にとっては分解するのが難しく、餌にできません。しかし、人類にとっての善玉菌であるビフィズス菌は、分解して利用するための酵素セットをもっています。そのため、ビフィズス菌はほぼ独占的にミルクオリゴ糖を餌にでき、圧倒的に優位に立てるのです。ビフィズス菌は無害なうえに、ヒトの健康に良い影響を与えるといわれます。それがどんどん増えれば、悪玉菌は縄張りを広げられないでしょう。

こうしてミルクオリゴ糖は、悪玉菌には冷たくあたり、ビフィズス菌は歓待して、新生児の腸内に良い環境を整える役割をしています。ミルクオリゴ糖には、こんな大きな役割があったのです。

カモノハシのミルク、クマのミルク

ミルクに含まれるラクトースとオリゴ糖の割合は、動物種によってかなり違います。先述のように、初期の哺乳類の姿を残すカモノハシのミルクには、ラクトースはほとんど含まれていませんが、オリゴ糖は豊富です。カモノハシの仔は卵で産み落とされ、孵化した超未熟児は、母親のお腹の皮膚から分泌されるミルクをなめて成長します。ごく初期から細菌だらけの環境で育つので、感染防御がたいへん重要で、抗菌効果をもつオリゴ糖をたっぷり与えようとしているのでしょう。ラクトースはその出発材料という位置づけにすぎません。

哺乳類の中からはやがて、ラクトースを効率よくつくれるものが誕生し、ラクトースの一部だけをオリゴ糖合成の原料として使い、残りはエネルギー源に利用するようになりました。その結果、人間や牛のミルクの糖質の組成は、ラクトースが主で、オリゴ糖が従となっています。

同じ真獣類でも、クマのミルクにはラクトースがほとんど含まれない理由は2つほど考えられます。1つには、クマがかなり未熟な仔を産むので、感染防御のためにオリゴ糖の方が大事だということ。もう1つには、クマのミルクは脂肪が濃厚なので、エネルギー源としてのラクトースを多く含む必要がないからかもしれません。

なお、このように、動物によってオリゴ糖が多かったり、ラクトースが多かったりする直接の原因は、詐欺師であるα－ラクトアルブミンの量や性能にあるようです。カモノハシなどのα－ラクトアルブミンは、ガラクトース転移酵素をだます能力があまり発達していません。そのためラクトースはゆっくりつくられ、できるそばからさらに延ばされてオリゴ糖になってしまいます。いっぽうクマの場合は、乳腺でα－ラクトアルブミンが少ししかつくられないので、オリゴ糖の割合が多くなるようです。牛や人間ではα－ラクトアルブミンが高性能化して、ラクトースをどんどんつくり、栄養源にもまわせるようになったのでしょう。

母乳の不足をおぎなうために、牛乳製品が使われますが、牛乳は人乳にくらべると、オリゴ糖の量も多様性もかなり乏しくなっています。乳牛は品種改良を重ねて、ひたすらミルクを短時間につくるマシンになり、その結果、オリゴ糖合成に手間ひまをかけられなくなったのかもしれません。乳業メーカーは、それを補う方法を懸命に探していますが、200種類以上ものオリゴ糖を大量生産するのは、今もってとてつもない難題です。

糖鎖研究の恩人

さて、ミルクの話の最後にぜひ紹介したいのは、実はミルクオリゴ糖は、「おしゃべりな糖」の研究の恩人だということです。たくさんの種類の複雑な糖鎖を、研究材料としてたっぷり恵んでくれたからです。

天然の複雑な糖鎖は、ごく微量しか手に入らないのがふつうで、研究の大きなハンデになっていました。しかしありがたいことに、ミルクオリゴ糖がありました。短いものから長いものまで、たくさんの種類のオリゴ糖をたっぷり含んだミルクが、自然現象としてからだの外に出てきます。ヒト由来の物質であっても、倫理上の問題なしに研究できます。オリゴ糖の分離技術、精製技術がどんどん磨かれ、構造を調べる技術も大発展しました。

ミルクオリゴ糖はラクトースから出発して、200種以上のものに展開してゆきます。構造が確定したものを、簡単なものから複雑なものへと並べてゆけば、どんな順番でつながってゆくのか、どんなふうに枝分かれしてゆくのかの道筋がわかります。さらに、そうして並べていく過程で、各段階にどんな糖転移酵素が参加するかも示唆してくれます。そうした酵素は、乳腺以外の細胞でも、糖脂質や糖タンパク質の糖鎖の生産に従事しています。こうして、糖鎖をつくる酵素の研究もどんどん進みました。

ミルクの成分を1つ1つひたすら分けて、構造を決めるというような地味な研究は、「がんを治した！」などのような派手な話題になることはありません。しかしこうした基礎研究の積み重ねがなければ、今日最先端だと思われていることも実現しなかったはずです。

もう1つ付け加えておきますと、ニワトリの卵も糖鎖の研究にたいへん役立ってきました。卵は糖タンパク質の宝庫で、タンパク質につながっているおしゃべりな糖たちの研究に、最高度の貢献をしてきたのです。ここでは深入りしませんが、これも、家畜が私たちを助けてくれた1つの例です。

◯コラム◯遺伝子工学の生みの親、ミルク

実はミルクは、遺伝子工学の生みの親でもあります。

大腸菌は、哺乳類の腸管に寄生するしがない細菌の1つですが、運命のいたずらで、生命現象の研究材料のスターになりました。大腸菌は、グルコースを与えるとどんどん増殖します。それを使いつくしても、ラクトースがあれば増殖できます。哺乳類に寄生したので、こんな能力を獲得したのです。ただしヒトと同様、ラクトースのままでは利用できず、ガラクトースとグルコースに分解しなければなりません。そのための分解酵素をもっています(歴史的背景から「β-ガラクトシダーゼ」とよばれています)。動物のラクターゼと作用は同じですが、タンパク質としてはまったく別物です。

この現象を、パリのパスツール研究所で、ジャック・モノーが研究していました(私事ですが、同時期に私もパリの別の研究所にいて、会う機会もあったので思い出深いです)。大腸菌にグルコースを与えて増殖させておき、ある時点でグルコースを取り除いて、代わりにラクトースを与えます。すると大腸菌の増殖が止まるのですが、しばらくするとまた増殖を再開しました。ラクトースを利用するシステムのスイッチが入ったのです。

大腸菌は、グルコースがあるところではそれを利用して増えます。このとき、β－ガラクトシダーゼの遺伝子にはブレーキがかかっています。使わない酵素をつくるのは無駄だからです。しかし、ラクトースしか利用できない状況に追い込まれると、そのブレーキをはずして酵素をつくり始めます。ヒトの乳児と同じです。増殖を再開するのに少し時間がかかったのは、この酵素をつくるためだったのです。

遺伝子にはスイッチがついていて、その遺伝子が必要でないときはオフになっており、必要になればオンになる。「遺伝子は必要に応じて活動するように制御されている」という、生命に関してもっとも重要な概念がこうして確立されて、それ以後の生命科学に大きな影響を与える大金字塔となりました。

大腸菌は、ミルクを飲む動物の腸内に寄生する生活を始めたことで、グルコースが欠乏してもラクトースで生き延びようと、β－ガラクトシダーゼをつくる能力を獲得しました。こんな能力は、哺乳類に寄生しなかったら得られなかったでしょう。モノーは幸運にも、そんな細菌を研究材料に選んだのです。ラクトースを利用できない細菌を選んでいたら、世紀の大発見はなかったでしょう。

今をときめく遺伝子工学も、この業績が土台になって発展しました。大腸菌に人為的に遺伝子を押し込んでタンパク質をつくらせるとき、この遺伝子を作動させるスイッチは、今でも、モノーが見つけたラクトース利用遺伝子のスイッチなのです。

5 糖鎖をつくる、糖鎖をこわす

さて、「おしゃべりな糖」つまり情報をになう糖鎖について、いちばん神秘的な領域に入ってゆきます。生物はどうやって糖鎖をつくり、どうやって壊すのでしょうか。これまで述べてきたように、なにかと一筋縄ではいかない糖鎖。つくるのも壊すのも、あまりに独特で、また、やっかいなことだらけです。

糖鎖をつくる

糖鎖のつくり方は、タンパク質や核酸とはあまりにもかけ離れています。どういうことかというと、

①設計図がない。
②オートメーション合成装置がない。
③何百種類もの酵素が必要になる。
④品質が揃った製品をつくれない。

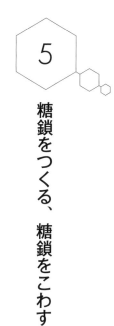

⑤細胞内の隔離された区画でつくられる。

これらを、以下で見ていきましょう。

設計図がない

まず、どんな構造をつくるべきかという、設計図にあたるものがありません(①)。糖鎖は表意文字のようなもので、構造に意味が織り込まれています。そんな高度なものを、設計図なしでどうしてつくれるのでしょうか。

核酸やタンパク質の場合、遺伝子が構造をがっちりと指示しています。その指示どおりに忠実につくるために、高性能のオートメーション装置(DNAポリメラーゼやリボソームなど)があります。製品の品質もチェックされます。ところが糖鎖については、遺伝子はおろか、それ以外のどこにも構造の情報がありません。つくるための装置もありません。完成品のあるべき姿がわからないのだから、製品の品質チェックもできません。その結果、できた糖鎖はあたりまえのように不揃いになります。

これでは糖鎖の構造はまったく無秩序になりそうですが、じっさいに生物から見つかる糖鎖の構造には、法則性が多少は見られます。なぜでしょう。

それは、**消去法の効果**です。つくれない構造が多いので、実在する構造が絞られるのです。たとえば第1章で、2つの単糖をつなげる場合、最大8通りのつなぎ方があると書きましたが、どれをつくるにも専任の酵素（糖転移酵素）が必要です。そのため、つなぎ方の数だけ酵素を揃えなければ、全部を実現できません。また単糖の組み合わせが違えば、まったく違う酵素が必要になります。ところが、生物がもっている酵素の種類は、これよりかなり少ないのです。「これとこれはつなげません。職人がいないので」というケースがやたらと多いのです。

たとえば哺乳類について、ガラクトースがもう1つの糖とつながってできる二糖構造が何種類あるかを調べると、じっさいに見つかっているのは10通り強です。可能性なら100通りくらい考えられますが、それには遠くおよびません。これでも多い方で、たとえばマンノースともう1つの糖の場合だと、4通りくらいです。

哺乳類が糖コードの材料にする単糖は十数種類なので、2個のつなげ方は、可能性としては1000通りくらいになります。ところが、ヒトは二百数十個くらいしか糖転移酵素の遺伝子をもっておらず、しかも、同じつながりをつくるものがかなり重複しています。これでは可能性の一部しかカバーできません。こうして、見掛け上の秩序が現れているのです。

これはあくまで哺乳類の場合で、生物種が違えば違う糖転移酵素も見つかりますが、生命35億年の歴史をもってしても、まだ実現していないつなぎ方の方がはるかに多いのです。ありうるすべてのつなぎ方を実現できる核酸およびタンパク質とは、大違いです。

がんこな職人の手作業

生体高分子のうち、核酸の材料のヌクレオチドは4種類。タンパク質の材料のアミノ酸は20種類。つなぐ順番も、中央政府(遺伝子)がきちんと指定しています。高性能のオートメーション装置が、品質の揃った製品を効率よくつくり、欠陥品を出さない対策もととのっています。これほど完成度の高いシステムが、生命の進化のかなり早い段階で確立していました。

それにひきかえ、後発の糖鎖の生合成は、いかにも原始的で牧歌的です。糖鎖は枝分かれするし、設計図もないのだから、オートメーション装置などつくれません(②)。そこで、がんこな職人(糖転移酵素)が、入れ代わり立ち代わり、手作業で単糖を1つ1つ、土台の脂質やタンパク質の上に積んでゆきます。糖転移酵素はまず、でっぱりを使う糖(供与糖)をつかみ、くぼみを差し出す糖(受容糖)にはめ込みます。

糖転移酵素は、担当の供与糖、受容糖、結合形式(α1–2とかβ1–4とか)がきちんと決まっていて、それ以外の仕事はやりません。そのため、複雑な糖鎖をつくるためには、場合によっては2桁にものぼる糖転移酵素を動員しなければなりません(③)。

たとえば糖脂質の場合、セラミドという脂質(2本の長い疎水性の足をもつ)にまずグルコースがついて、それが出発点になって、さらにガラクトース、N-アセチルグルコサミン、その他の糖が結合して、複雑な糖脂質になってゆきます。糖タンパク質の場合は、主にセリン、トレオニン、アスパラギンというアミノ酸の側鎖を土台にして、糖鎖が延びてゆきます。

設計図がないため、どこまで進めば完成品とみなしてよいかわかりません(フコースやシアル酸がつくと出荷される傾向はありますが)。こんなことでは揃った製品はつくれるはずもないし、出荷のタイミングもまちまちになります。こうして、短めのもの、長めのもの、枝が少ないもの、多いものなど、申し分なく不揃いの製品がつくられます④。指令書なしで地方自治体(小胞体とゴルジ体)に丸投げされ、製品チェックもない。これが糖鎖の宿命です。無計画な多品種少量生産で、企業のコンサルタントなら、経営がなってないと酷評するでしょう。

細胞の種類や活動状況によって、現場に招集できる転移酵素のメンバーが変わるので、できてくる糖鎖には、不揃いであっても、それなりに個性が出ます。生物種、個体、細胞の種類や時期などが違えば、職人の顔ぶれやはたらきぶりも変わります。糖タンパク質では、タンパク質の種類が違えば、糖鎖の特徴も変わります。さらに同じ種類のタンパク質であっても、個々の分子ごとについている糖鎖の本数が違うことも珍しくなく、構造もばらつきます。せっかく均一につくったタンパク質に、申し分なく不揃いな糖鎖がつけられて、細胞外の任地へと送り出されます。完全主義とは程遠く、「まあ適当に」がまかり通るのが糖鎖の世界です。

ちなみに、糖鎖をつくる元となる単糖も、全生物で統一されてはいません。たとえばシアル酸は、脊椎動物には必須の糖ですが、ほかの生物ではそれほどメジャーではありません。アラビノースは植物ではよく使われますが、動物ではまずみられません。

糖鎖は租界でつくられる

糖鎖はどこでつくられるのでしょうか。これがまた独特です。細胞質ではなくて、細胞内の隔離された区画(小胞体、ゴルジ体)の中でつくられるのです⑤。

小胞体とゴルジ体は、脂質二重層の膜で囲われた袋です。糖脂質と糖タンパク質の合成はいずれも小胞体から始まり、いくつかのゴルジ体を経由して複雑に加工されてゆきます。糖脂質は脂質二重層の内側だけにあり、その糖鎖は袋の内面に延びてゆきます。糖タンパク質の場合、タンパク質部分が膜に埋まっているものなら、袋の内側にある部分にだけ糖鎖がつきます。膜に埋まっていないタンパク質の場合は、全体的に糖鎖がつきます。ゴルジ体は平たい袋が何層にも重なっていて、小胞体に近いシスゴルジ体では糖鎖の根元、中間のメディアゴルジ体では中ほど、細胞膜に近いトランスゴルジ体では枝先の加工が行われます。そしてそれらの間での製品の運搬は、輸送小胞というシャトルバスが担っています(図12)。

輸送小胞は、小胞体やゴルジ体の膜の一部がくびれてできた小さなカプセルです。中間製品を収納したカプセルが次の工場に到着すると、両方の膜が融合して、カプセルの内容物が工場の内部に積み下ろされます。最後のゴルジ体からは細胞膜行きの分泌小胞が出て、これ

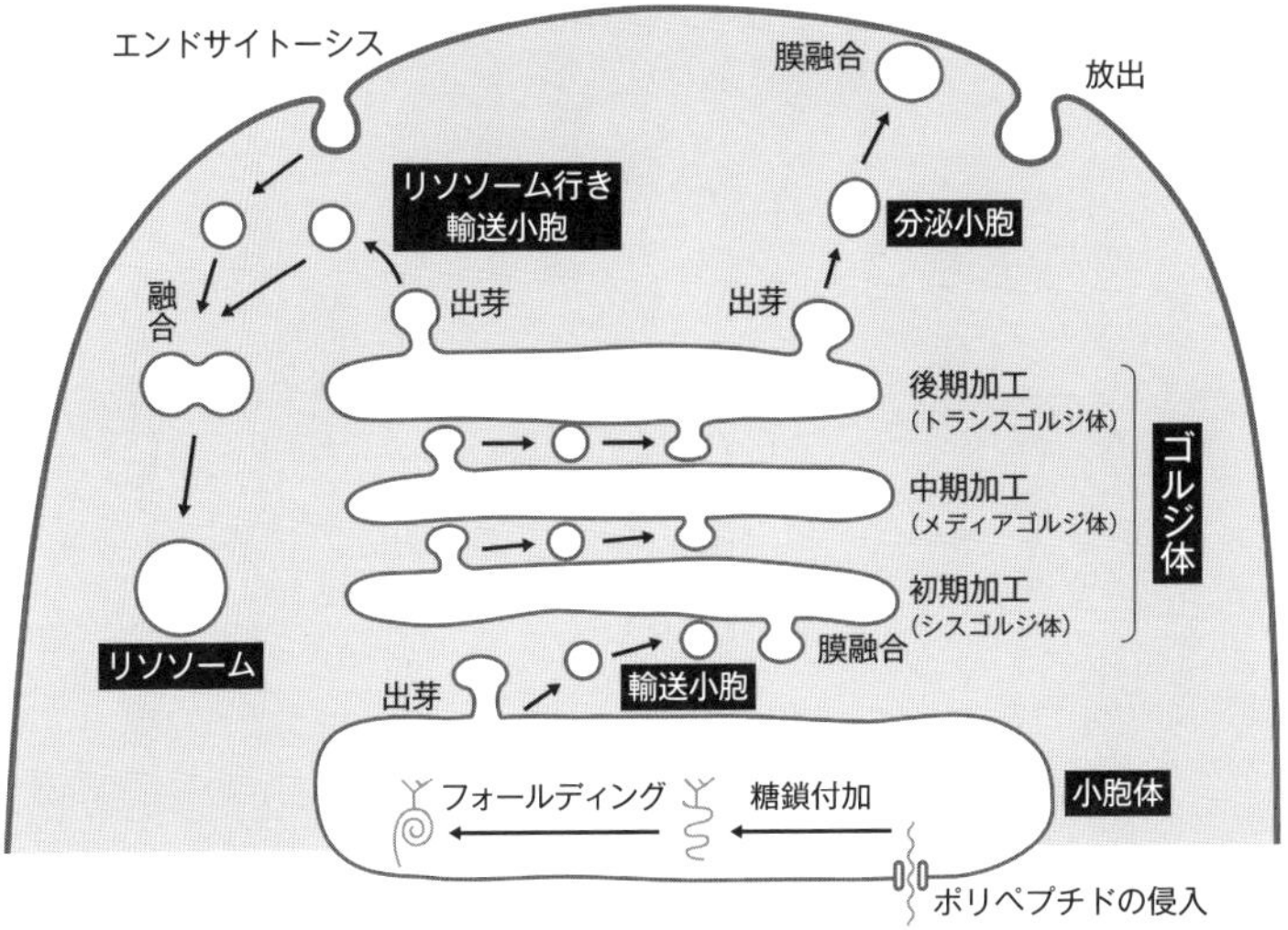

図 12 細胞外およびリソソームではたらく糖タンパク質は，小胞体，ゴルジ体を経由して糖鎖が加工されてゆく

が細胞膜と融合すると、中身が細胞の外に放出されます。糖脂質や膜に埋まったタンパク質は、小胞の内側表面にあるので、細胞膜の外側に顔を出します。

この流れの間、糖脂質の糖鎖、糖タンパク質の糖鎖はいずれも、細胞質と接触することはありません。小胞体とゴルジ体の内側は、細胞質から見ると膜を隔てた外側、つまり「内なる外」といえます。

鎖国時代、外国人は長崎の出島のような租界に住まわされていました。日本の領土内に設置された閉鎖空間で、日本人と接触はできないものの、海外とはつながっていました。糖鎖は、いわばそんな特殊領域でつくられるのです。核酸やタンパク質とくらべると、なんと複雑で手間がかかることでしょうか。

タンパク質によりそう糖鎖

さて、糖鎖のつくられ方はおおよそ以上の通りですが、実は、糖タンパク質の糖鎖、なかでも「*N*結合型糖鎖」とよばれる糖鎖のつくられ方は、複雑でものすごく奥が深いことがわかっています。タンパク質が成人してから付加されるのではなく、生まれてほやほやのうちに付加されて、タンパク質の成長をサポートしつつ、自らも姿を変えていくのです。以下で、少し紙幅を割いて説明しましょう。

ヒトは2万種を超えるタンパク質を使っていますが、その半分くらいが細胞外ではたらいており、そのほとんどに糖鎖がついています。*N*結合型糖鎖はまったく未熟なタンパク質に乗り移り、まず成長を手助けし、成長後は任務遂行をサポートし、最後はリタイアの面倒まで見ます。まさしく、ゆりかごから墓場までよりそうのです。

タンパク質合成は、細胞質にあるリボソームで、アミノ酸がひも状につながるところからはじまります。このひもを**ポリペプチド**とよびます。細胞外へ行く運命のポリペプチドでは、はじめの方のアミノ酸配列が「小胞体行き」というバーコードになっています。それを読んだガイド役のタンパク質が、ポリペプチドを端の方から小胞体の中にするすると押し込みます(図12、右下)。

そして、こうしたポリペプチドの大半には、「糖鎖をつけろ」というバーコードもついています。「糖鎖付加シグナル」といわれ、Asn−X−Ser または Asn−X−Thr というアミノ酸配列です(Asnはアスパラギン、Serはセリン、Thrはトレオニン、Xは任意のアミノ酸)。糖鎖は、このシグナルの左端にあるアスパラギンの側鎖につきます。糖鎖は、土台となる分子に単糖を1つずつ積み上げてつくるのがふつうなのですが、ここでは、できあいの巨大な糖鎖を一挙につけます(図13)。単糖14個からなり、3本に枝分かれした糖鎖です。あらかじめ用意してあった大木を、根こそぎ移植するわけです。これが、***N*結合型糖鎖**です(アスパラギンの側鎖の窒素原子に結合するのでそうよばれます)。なぜこんなことをするのでしょうか。そこには深い深い意味がありました。

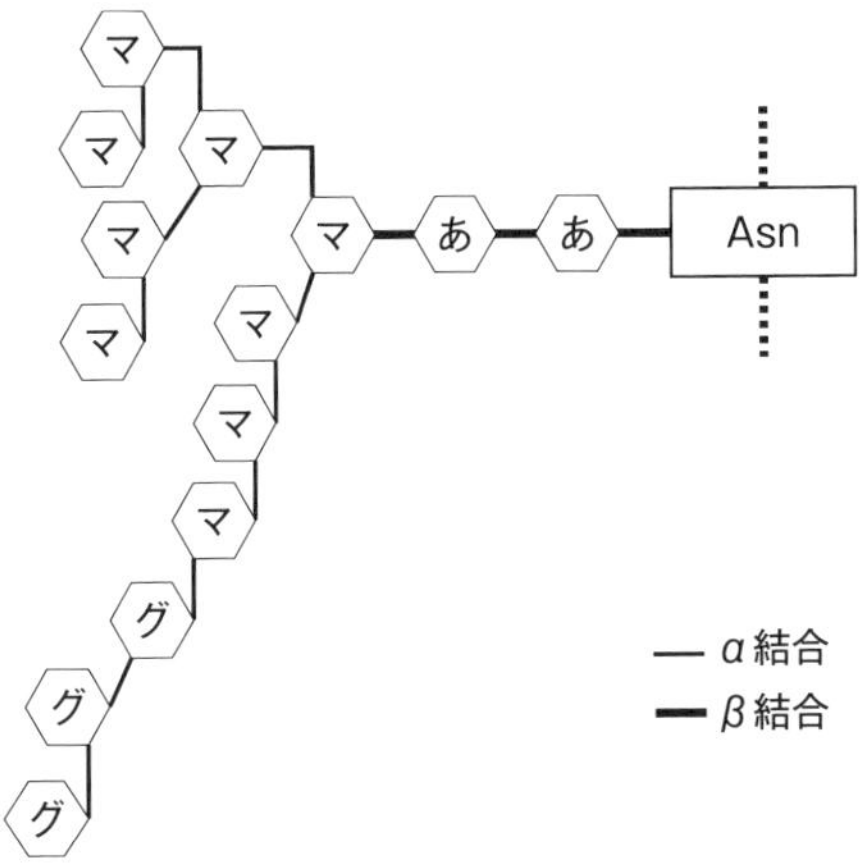

図13 ポリペプチドに移植された*N*結合型14糖。あ：*N*−アセチルグルコサミン，マ：マンノース，グ：グルコース

失敗ありきのフォールディング

私たちの命は、品質の高いタンパク質を絶やさずにつくることにかかっています。小胞体に押し込まれたポリペプチドは、まだひも状で、正しい形(立体構造)になって

いません。小胞体の中で、正しい立体構造にたどりつく必要があります。

ポリペプチドには、自力で正しい立体構造にたどりつく能力があります。四角い紙が自力で折り鶴になるようなことで、まさに生命の神秘中の神秘です。ひもの状態は不安定なので、安定した正しい立体構造にたどりつこうと、自分を折り込んでゆきます。まず水を嫌う疎水性のアミノ酸が、内側にこもって芯となり、親水性のアミノ酸がそれをくるみます。アミノ酸の間の電気的な引力なども、この折り込みを助けます。でこぼこの山地に降った雨水が、いちばん低い湖に集まってゆくように、立体構造が自発的にできてゆきます。こうした折り込み現象を**フォールディング**といいます。

フォールディングは、邪魔が入らない環境なら成功しやすいのですが、小胞体の中はとても混雑していて、ポリペプチド同士がぶつかって失敗することも多いのです。邪魔が入って手順が狂うと、間違った方向へどんどん向かい、失敗します。山で下山道を間違えて、とんでもない沢に下りて遭難するのに似ています。細胞がつくるタンパク質のうちの3割くらいがフォールディングに失敗するようです。こうした不良品がたまると、細胞にとって大きなダメージになります。

そうなるのを防ぐために細胞がとっている対策は、じつに巧妙です。「不良品を出さない工夫をする」、「良品だけを次の工程に送り込む」、「不良品を検出する」、「不良品を手直しする」、「手直し不能な不良品は廃棄処分する」などです。

そしてこのシステムの運営に、「大木」、つまり*N*結合型糖鎖が決定的な役割を果たします。

シャペロンさん、私はここよ

フォールディングの成功率を上げるために、生命は**シャペロン**というタンパク質を創造しました。

かつてのヨーロッパの上流階級では、妙齢に達した令嬢を、貴族の舞踏会で社交界デビューさせました。このデビューで貴婦人と評価されるようにと、親は、教養と経験に富んだ教育係の女性を娘につけました。それがシャペロンです。シンデレラを王宮の舞踏会に送り込んだ魔法使いは、天国の母親が依頼したシャペロンだったのでしょう。

シャペロンは未熟なポリペプチドを抱きかかえ、他のタンパク質とぶつからずに、そのポリペプチドが落ち着いてフォールディングできる状況をつくります。細胞の中には100種類以上のシャペロンがあります。小胞体の中ではたらくものもあり、それは糖コードを読むレクチンを分子内にもっています。未熟なポリペプチドに移植された「大木」は、シャペロンにすばやく見つけてもらうための旗のようなものだったのです。

ポリペプチドに移植された大木(図14a)の端から、まず特別な分解酵素によってグルコースが2個むしり取られて、図14bのような糖コードが現れます。シャペロンはこれを見つけて、顧客の令嬢を保護します。こうしてシャペロンに出会えたポリペプチドは、落ち着いて

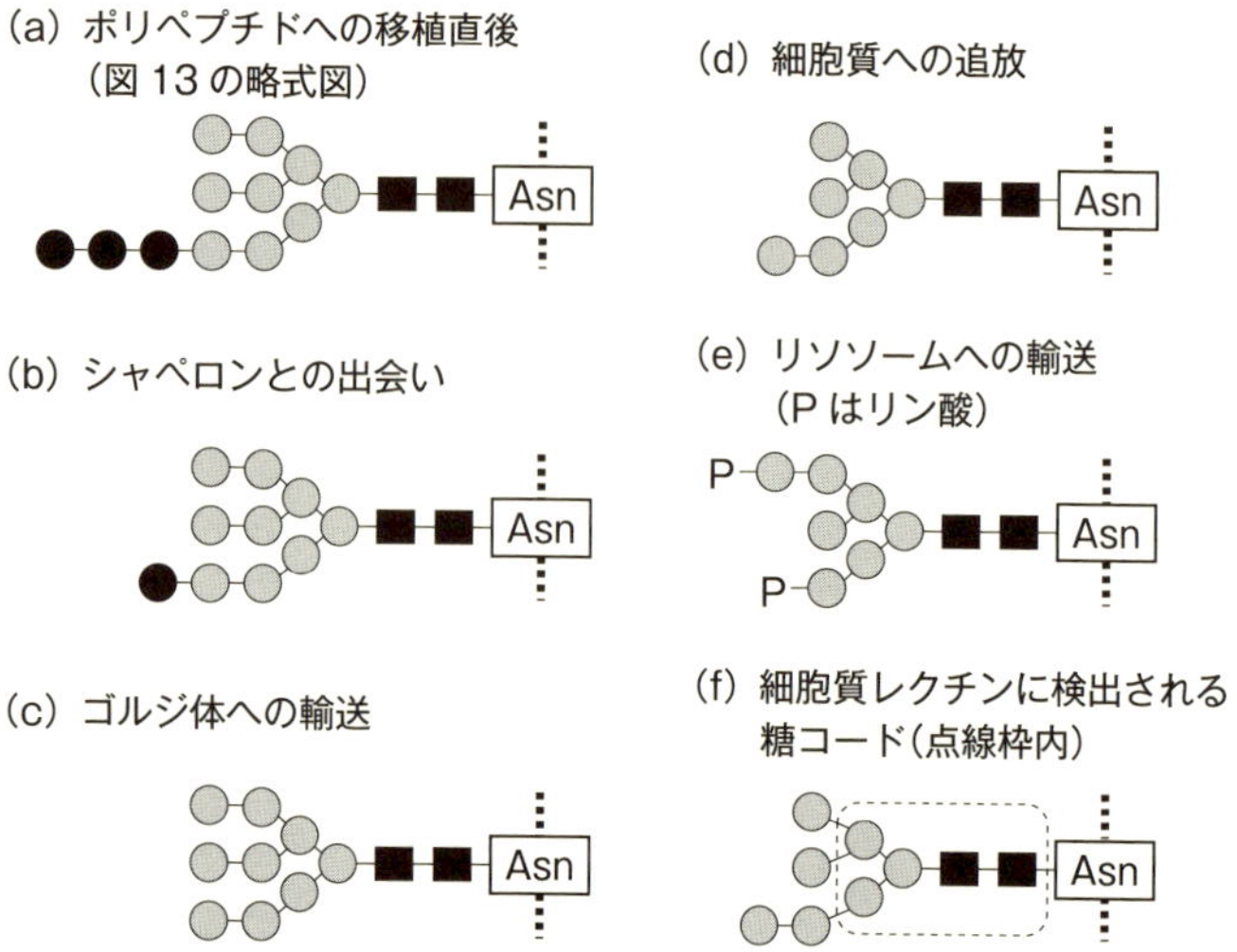

図14 「大木」*N*結合型14糖は，タンパク質育成の節目ごとに，違う意味を伝える糖コードに書き換えられる

フォールディングに専念します。

ポリペプチドが正しくフォールディングすると、糖鎖からグルコースが完全にむしり取られ、また別の糖コードに変わり(図14c)、それを輸送担当のレクチンが読んで、ゴルジ体行きのシャトルバス(輸送小胞)に乗せます。タンパク質教育の段階ごとに、糖コードが少しずつ書き換えられ、いくつものレクチンが、タンパク質のデビューを手助けするのです。

再チャレンジ、そして廃棄

ただ、こうしたシャペロンの手助けがあっても、フォールディングがいつも成功するとは限らず、また、シャペロンが判断を誤ることもあります。そもそも顧客タンパク質は何千種類にものぼり、完成する立体構造は千差万別なのです。判断ミスを責めるのは酷というものでしょう。ともかく、シャペロンがしくじる可能性は、細胞にとっては織り込み済みです。フォールディングに失敗したタンパク質には、再度の挑戦のチャンスも与えられるのです。

失敗とみなされたポリペプチドは、立体構造が完成しないままシャペロンから離れ、「大木」糖鎖から最後のグルコースをはずされてしまいます。そんなポリペプチドを救うため、UGGTという酵素が、糖鎖にもう一度グルコースを1個つけてやるのです。こうして一段後戻りさせてやり、もう一度、シャペロンにつかまえてもらいます。こうして再度フォールディングに挑戦させ、製品の歩留まりを高めようとしているのです。

これだけ懇切丁寧に世話をしても、フォールディングしそこねるものをゼロにはできません。失敗したものは、いよいよ廃棄処分です。ただ、小胞体の中にはそのための設備がないため、そうした設備がある細胞質に搬出します。

ここでも糖鎖が活躍します。フォールディングに失敗したポリペプチドの糖鎖から、さらにいくつかマンノースがむしり取られて、「細胞質行き」を示す別の糖コードに変わります（図14d）。搬出担当のレクチンがそれを見て、細胞質へ送り出すのです。

「大木」つまり*N*結合型糖鎖はこのように、タンパク質が生まれた直後から、このうえなく大事な仕事をしています。タンパク質の将来がここで決まる、といってよいくらいです。

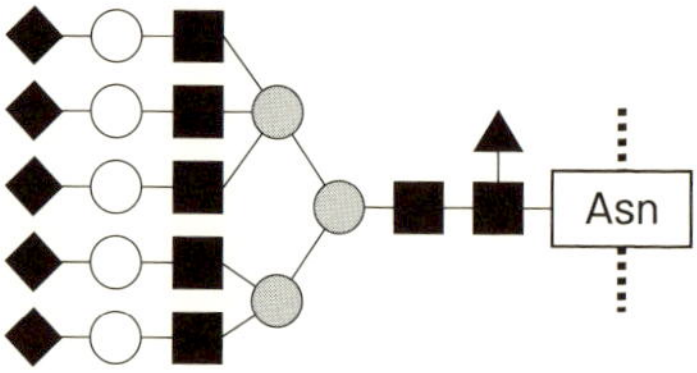

図15　複雑な*N*結合型糖鎖の例（簡略表記）

ゴルジ体でさらに加工

フォールディングに成功したタンパク質は、ゴルジ体への入場が許可されます。でも、大木の役割はまだ終わっていません。さらに加工されるのですが、これ以後のプロセスはうって変わって奔放になり、どんどん構造が多様化してゆきます。特に複雑になった例を図15に示しますが、根元の二股構造が温存されている一方、枝葉は茂りに茂っています。ほとんどのタンパク質は細胞の外へ行きますが、一部はリソソーム（細胞内の廃棄物処理工場）が仕事場なので、そこに行きます。その場合は「大木」糖鎖のマンノースにリン酸がつきます。これが、リソソーム行きシャトルバスに乗るための糖コード（図14e）になるのです。

ゴルジ体では、「大木」がついた場所以外にあるセリンやトレオニンにも糖鎖がつき（側鎖の酸素原子につながるので「*O*結合型糖鎖」とよばれます）、*N*結合型と*O*結合型の糖鎖の加工が並行して進みます。詳しいことは省きますが、*N*結合型にせよ、*O*結合型にせよ、少し加工されてはシャトルバスでタンパク質ごと次のゴルジ体に運ばれ、そこでさらに延びることを何度か繰り返します。完成品の基準がないので、すべてが最終工程までゆくとは限りません。シスゴルジ体でちょっと加工されただけで細胞外に出るものもあれば、いちばん遠いトランスゴルジ体まで行って、かなり手を加えられてから出てゆくものもあります。

＊

タンパク質は均一な構造の、いわばクローンとしてつくられます。そして細胞内ではたらくタンパク質ならば、そのまま仕事につきます。

一方、細胞外ではたらくタンパク質は、以上で見てきたように、小胞体とゴルジ体を経由する間に多種多様な糖鎖をつけられるので、構造が完全に同じものなどほぼなくなってしまいます。タンパク質の均一性は糖鎖をつけられて帳消しになり、クローンだったものに個体差が現れます。なんのためにこんなことをするのでしょうか。

おそらくこれには、深い意味があります。まだ完全には説明できませんが、生命は画一性を嫌い、多様性の導入に前向きになる傾向があるのでしょう。たとえば、糖タンパク質はいたるところでレクチンに出会いますが、糖鎖の違いによって付き合いの深さが変わります。その結果、もとはまったく同じタンパク質だったとしても、個々の仕事ぶりや運命に差がつくでしょう。そうしたばらつきが、生命の持続に貢献してきたのかもしれません。

ところで、細胞外へ派遣されるタンパク質の中には、糖鎖がつかないものもある程度あります。血清アルブミン、インスリン、消化酵素などです。それぞれにしかるべき理由があるはずですが、レクチンの監視網をかいくぐれる存在となることに、共通の意味がありそうです。

糖鎖をこわす

ここまで、糖鎖がつくられ、加工されていく過程を見てきました。では、壊し方はどうでしょうか。

タンパク質、核酸、糖鎖の三大生体高分子のどれをとっても、利用した後での後始末はたいへん重要です。人の廃棄物処理のつたなさとくらべると、生物のすごいところは、高分子をきれいに解体し、リサイクルさせていることです。このシステムをうまく運営できないと、健康上の問題が出てきます。

役目を終えた糖鎖は、そのまま捨てられることはまずありません。単糖にまで解体され、エネルギー源や、新規の糖鎖の材料に再利用されます。消化管に分泌される粘液はムチンを含むので、かなりの糖鎖が体外に放出されることになりますが、それらも、感染防御や善玉腸内細菌の育成などに有効利用されるので、無駄には捨てていません。

では、糖鎖はどのように解体されるのでしょうか。なにしろ怪物の九頭竜が相手なので、一筋縄とはゆきません。

細胞質には**リソソーム**という廃棄物処理施設があり、役割を終えた糖鎖はここに運ばれます。リソソームには、タンパク質、核酸、糖鎖などを解体する加水分解酵素が詰まっています。それらの加水分解酵素のうち、糖鎖を解体する酵素を**グリコシダーゼ**とよびます。つくったときとは逆方向に、1個ずつはずしてゆくのがふつうですが、これがとても面倒です。糖鎖は規格がばらばらな車両をつないだ列車のようなもので、連結器の形状がいちいち違うからです。そのため、担当するグリコシダーゼを1回ごとに交代させねばなりません。糖鎖をつくるときにもたくさんの糖転移酵素が必要でしたが、壊すときにも似たような問題がつきまといます。糖転移酵素にくらべれば、グリコシダーゼの方が少しは融通がきく傾向はありますが、それでも極端な場合には、10個の単糖でできた糖鎖を解体するのに、連結部分の数と同じ、9種類のグリコシダーゼが必要になります。

タンパク質や核酸だったら、一筋縄ですし、えり好みせずに端から順番にはずしてくれる酵素もありますが、糖鎖の場合は、すべての連結パターンを切ってくれる万能グリコシダーゼなんかありません。もし1つでも酵素が足りないと、解体作業が途中で止まってしまいます。中途半端な断片は片づけられないので、それがリソソームの中にたまって、ゴミ屋敷化してしまいます(これが原因の遺伝性疾患については、次の第6章で紹介します)。

ざっくりと切る——エンド型の酵素

さて、グリコシダーゼとしては、このように端から1つずつ切り離すもの(エクソ型)だけではなく、糖鎖の途中でざっくりと切るもの(エンド型)も少数ながら知られていました(デンプンを分解する消化酵素であるアミラーゼや、細菌の細胞壁を分解して殺菌するリゾチームなど)。それとは別に、細菌やアーモンドから、タンパク質についた「大木」糖鎖を根元からまるごとはずす酵素まで見つかっています。こんな風変わりな酵素が、何のためにあるのでしょうか。最近ようやくその存在意義がわかり始め、ここからも、糖の壊し方の新たな側面が見えてきました。

きっかけは、「大木」をはずす酵素が、哺乳類でも見つかったことです。たいへん不思議なことに、見つかったのは細胞質の中でした。タンパク質に糖鎖をつける仕事は小胞体とゴルジ体の中で行われ、できた糖タンパク質は細胞の外に出てゆくはずです。細胞質には糖タンパク質なんてないはずなのに、ないものに作用する酵素があるなんておかしいと、発見当時はかなり批判的に見られました。でも結局は、既成概念の方が修正されました。「大木」糖鎖をもつタンパク質が、細胞質でも見つかったのです。どういうことでしょうか。

こうした糖タンパク質は、仕事のために細胞質にいるのではなくて、廃棄処分のために解体工場へ送られる途中のものだったのです。先述のように、小胞体の中で正しい立体構造になりそこねた糖タンパク質は、ゴルジ体に送られず、細胞質へ追放されます。この発見が、そのストーリーの先を見せてくれました。

細胞の総合廃棄物処理工場はリソソームですが、そのほかに**プロテアソーム**という、タンパク質専門の解体装置が細胞質にあります。両端に蓋がついた巨大な中空の円筒で、内部に何種類ものタンパク質分解酵素が閉じ込められています。このジューサーのような装置に、古くなるなどして廃棄対象となった細胞質のタンパク質が引きずり込まれて解体されます。

現役ではたらいているタンパク質まで解体されたら困るので、廃棄対象のタンパク質にはラベルがつけられます。ラベルは**ユビキチン**というタンパク質で、プロテアソームがそれを見て、中に引きずり込みます。ラベルは小胞体から追放された糖タンパク質にも、このラベルがつけられます。その仕事をする装置の部品の1つとして、糖タンパク質についた「大木」を判別するレクチンが見つかりました。

「大木」糖鎖をつけたタンパク質が細胞質をうろついていれば、手配写真をぶら下げているようなものです。そこで、このレクチンがすぐに見つけて、ラベルを貼りつけます。この場合は、根元の二股構造部分が糖コードとして判定の決め手になっています(図14f)。

ユビキチンラベルをつけられた落伍者の糖タンパク質は、プロテアソームに到達するまでの間に、大木を除去されます。大木はかさばっているので、プロテアソームの中に引き込むときや、プロテアーゼが仕事するときに邪魔になります。そこで、エンド型の酵素が、あらかじめ大木を根元から一刀のもとに切り離すのです。細胞質でエンド型の酵素が見つかった理由を、これでみんな納得しました。こんな練りぬかれたプロセスが、計画者も設計者もなしにつくられている。驚くほかありません。

この酵素の遺伝子を壊したノックアウトマウスは、胎児の段階で死んでしまい、生まれてきません。フォールディングに失敗したタンパク質から「大木」糖鎖をはずせないと、細胞レベルでのトラブルでは済まず、個体レベルでの致命的ダメージにつながり、生まれてくることさえできないのです。たった1つの酵素ですが、その役割は想像以上に大きいことがわかります(この酵素のはたらきが低いことが原因になっている遺伝性疾患が、ヒトでも最近になって見つかりました)。

*

この章では、「大木」ことN結合型糖鎖に、かなりのページをさくことになりました。外交関係のタンパク質の一生を通じて(養育、品質管理、輸送、リサイクルなど)、大事なイベントに繰り返し登場するVIPだとわかってもらえたと思います。核酸やタンパク質の一生には見られない、想像もつかないことばかりです。この大木がなかったら、地球上の生物はまったく違ったものになっていたでしょう。

なお、本書では省略しましたが、大木のN結合型糖鎖については、タンパク質に「移植」されるのに先立ってどのようにつくられるのか、また細胞質で切り取られた後にはどうなるのかなど、ミステリアスな話題は尽きません。糖鎖生物学は残されたフロンティアで、チャレンジしがいのある研究テーマの宝庫なのです。

6 糖コードと健康

私たちの健康は、数十兆個ともいわれる細胞たちの絶妙な協調で支えられています。細胞たちは組織や臓器を組み立て、それぞれの専門の仕事をこなし、ほかの細胞と緊密に連絡をとりあい、全体としてのバランスをとりながら行動しています。そのあらゆる場面で、情報糖鎖が、あるときは主役になり、あるときは脇役となって活動しています。健康な日々の暮らしは、糖コードに全面的に助けられていると言ってよいでしょう。そこにほころびが出れば、生活の質の低下につながります。

また、私たちは日々、何千種類もの細菌とつき合わねばなりません。善玉菌が腸内にすみ着いてくれるのは歓迎でも、病原菌の感染は防がねばならない。こうした場面でも、糖コードが活躍しています。

こうした糖コードと健康の関係については、さまざまな角度から研究が進められており、その成果として未知の生命のメカニズムがたくさん発見されています。この章では、そのごく一部を紹介しましょう。

白血球のローリング

私たちのからだには、大旅行をする細胞、つまり血液細胞があります。そのうち、からだの治安維持のためにはたらくのが**白血球**(戦闘要員の好中球や単球、免疫を担当するリンパ球など)で、病原体との戦いにそなえ、いつもからだ中を巡回しています。

怪我をすると、病原菌が傷口に侵入し、毒素を出したり、細胞を壊したりします。すると、侵入された組織の細胞は、もよりの毛細血管に異変を知らせる伝令タンパク質を送り、それを受けた血管内壁の細胞が、白血球を受け入れる準備をします。

さて、白血球はまず、異変が起こった部位のそばの毛細血管の内壁に着岸しなければなりません。毛細血管を流れる血流の速さは毎秒約4mm。白血球の大きさ(直径10〜30μm)の100倍を超える距離を、1秒で動きます。ヒトのサイズで考えると、1秒間に100m以上も流されるような急流です。これにさからって血管内壁にしがみつかねばなりません。この大仕事には、おしゃべりな糖の助けが欠かせません。

異変部位から救援要請を受けた血管内壁の細胞は、細胞内に収納していた**Eセレクチン**というレクチンを表面に搬出します(マンガで糖鎖劇場●4)。Eセレクチンは細長いタンパク質で、足にあたる部分は細胞膜にうずまり、頭の部分には糖結合部位があります。ここが、血球細胞とのドッキング装置になるのです。一方、好中球などの白血球は、表面の糖タンパク

マンガで糖鎖劇場●4　白血球，たすけて！

質にパートナーとなる糖コードを展示しています。これが、第2章で登場した**シアリルルイスx**です。

内壁細胞のEセレクチンと血球細胞のシアリルルイスxは、たがいに手を伸ばして握り合おうとします。でも、急流のために一回では成功しません。すぐに手が離れますが、何回か繰り返すうちに、白血球のスピードが落ち、やがてがっちりと手をつなぎます。その後、接着タンパク質なども参加して、着岸を確実にします。

顕微鏡で見ると、白血球が血管内壁をごろごろ転がりながら減速し、最後に静止する様子が見えます。斜面を転がり落ちる石(ローリング・ストーン)のようなので、この現象を**ローリング**とよびます。疾走する列車から主人公が飛び降り、ごろごろ転がって止まり、涼しい顔で立ち上がるシーンはアクション映画の定番ですね。レクチンと糖コードが分子レベルで握手すれば、こんなダイナミックなシーンが見られるのです。

こうやって着岸した白血球は、内壁細胞の隙間をすり抜けて毛細血管の外に出て、炎症現場に到着し、侵入者を殺したり、免疫のための証拠物件を集めたりします。

ところで、シアリルルイスxは、腫瘍マーカーSLXとして発見された糖コードでした（第2章、図8）。それがなぜ、正常な細胞である白血球にあるのでしょうか。

実は、話はむしろ逆で、正常な細胞同士をドッキングさせるのが、シアリルルイスxの本来の役割なのです。ところががん細胞では、糖鎖合成システムが乱れて、つくる予定でなかったこの糖コードをつくりだすものが出ます。その細胞が壊れて、破片がたくさん血管に流れ込むと、異常値として検出されるので、臨床検査などに利用されるのです。

ヨーロッパ文明圏の原点はローマ帝国にあります。最盛期のローマは、北アフリカから西ヨーロッパの大半を版図としました。こんな広い帝国を統治できた大きな鍵が、ローマに直結した街道網の建設です。すべての道はローマに通ず。これのおかげで、帝国内のどこへでも、異変があれば強力な軍隊をただちに派遣できたのです。

脊椎動物は、病原体の侵略を受けたとき、からだのどこであれ、血球軍団を迅速にピンポイントで派遣できるこのシステムを発展させました。もしこれがなかったなら、私たちはちょっとした怪我でも、こじらせて命を落としていたでしょうし、ゾウやキリンなどの大型動物が闊歩する姿も見られなかったでしょう。糖コードとレクチンの握手は偉大です。

リンパ球の里帰り

白血球のうち、**リンパ球**の大事な仕事は、侵入した病原体をしっかり記憶して、抗体をつくる細胞や、その病原体を専門に殺す細胞などを育成することです。これが獲得免疫で、次回以降の攻撃を効率よく阻止できます。これはとてつもなく複雑なシステムなので、マクロファージや樹状細胞など、いろいろな免疫関係の細胞の協力が欠かせません。そのためには情報交換を絶やせませんが、血管の中は赤血球がひしめいていて、免疫担当細胞同士が出会えるチャンスがほとんどないので、リンパ球は日常的に血管の外に出て、リンパ組織を訪れます。

毛細血管からはつねに血漿《けっしょう》がにじみ出ていますが、それを再び血管に戻すための流路がリンパ管で、全身に張りめぐらされています。細い管が次第に合流して太くなり、最終的には大静脈に合流して、血管に戻ります。細いリンパ管の合流点にはリンパ節があり、ここが免疫担当細胞たちのミーティングポイントになっているのです。免疫担当細胞たちが、血管からリンパ組織に移ることを、ホーミング(里帰り)とよびます。

ホーミングのときも、リンパ球が血管内壁をごろごろローリングします。ただ、炎症現場に駆けつける場合とは、ちょっと違ったところもあります。たとえば、ローリングする場所はあらかじめ決まっています（高内皮細静脈）。また、炎症部位でのローリングでは、血管内壁の細胞がレクチンを出し、血球細胞が糖コードを出しましたが、ホーミング現象では逆で、リンパ球側が表面にレクチンを出し、血管内壁の細胞が糖コードを出します。

リンパ球は特に刺激がなくても、**Lセレクチン**というレクチンをいつも表面に露出していいます。一方、高内皮細静脈の細胞は、硫酸がついたシアリルルイスxをいつも露出していまず。この組み合わせを使って、リンパ球は日常的に里帰りをし、リンパ節でいろいろな免疫担当細胞と最新の情報を交換して、獲得免疫システムをリニューアルしているのです。Eセレクチンと L セレクチンは兄弟のようなタンパク質ですが、仕事を分担するために、違うパートナー糖コードを読んでいます。

病原体との戦いの最前線では、このように、糖コードとレクチンが大活躍しています。

病気と糖コード

病気と糖コードの関係もまた、たいへんに深いものです。糖コード関係のほころびは、健康な生活をおびやかさずにはおきません。そうしたほころびには、先天的なもの（遺伝子に問題がある場合）と、後天的なもの（環境、病気、老化、事故などが原因のもの）があります。また私たちは細菌、ウイルス、毒素などの病原体にいつもつけ狙われていますが、それらには、糖コードを足掛かりとして感染するものも少なくありません。以下では、その代表的な例を紹介しましょう。

リソソーム病——糖鎖をこわせない

すでに19世紀後半から、テイ・サックス病やサンドホッフ病といった遺伝性の難病が知られていました。出生後、脳神経系が順調に発達せず、ほとんどの患者が数年で死亡してしまう病気です。

これらの病気の原因が、20世紀の後半になってようやく明らかにされました。突然変異によりグリコシダーゼがはたらかなくなり、糖鎖の解体が完了しないためだったのです。

複合糖質の糖鎖はリサイクルのために、リソソームの中で、つくったときとは反対の順序で解体されます。先述のように、外側から1つずつ単糖をはずしてゆきますが、一段ごとに酵素を交代させねばなりません。これらの病気では、あるグリコシダーゼがはたらかないので、ガングリオシドという糖脂質の糖鎖の解体が途中で止まっていました。途中で止まったままでは処分できないので、これがリソソーム内にたまってゆきます。

ふつうの細胞には寿命があり、新しい細胞と交代するので、ダメージは比較的小さいのですが、脳の細胞は分裂増殖をしないので問題が深刻になります。リソソームのゴミ屋敷状態がひたすら悪化して、やがて細胞が死んでしまい、それを新しい細胞で補充できないので、脳神経系が壊れていってしまうのです。

この発見以降、リソソームでの糖鎖分解の障害によるいろいろな遺伝病が見つかりました。それらは「リソソーム病」と総称され、これまでに数十種類が知られています。解体できなくなるのは、糖脂質であるガングリオシドに限りません。フコースやシアル酸をはずす酵素などが壊れると、糖タンパク質の糖鎖が解体できずにたまります。また、プロテオグリカンの糖鎖を分解する酵素が壊れると、ムコ多糖症の原因になります。

複合糖質は構造が複雑なので、分解プロセスが綱渡りのようになり、たった1つの分解酵素の欠損が、深刻な難病の原因になってしまうのです。受精卵から出生までたどりつけたとしても、出生後の時間経過にともなってダメージは深刻化します。

こんな難病を、治療するすべはないものでしょうか。壊れている酵素について、正常なものを遺伝子工学でつくり、それに「リソソーム行き」という糖コードラベル(図14e)をつけて、リソソームに届けようという試みが始まっています。希望がもてる結果も、報告されるようになりました。

筋ジストロフィー——糖鎖をつくれない

糖鎖を壊せないことが原因の病気の次は、糖鎖をつくれないことが原因の病気です。糖鎖をつくるときにも、たくさんの糖転移酵素が必要で、どれか1つが欠けると大事な糖鎖をつくれなくなることがあります。

筋ジストロフィーは、筋肉が次第に衰えてゆく遺伝性の難病です。筋肉細胞はひんぱんに収縮するので、基底膜という土台にしっかり固定されていなければなりません。そこで、基底膜にあるラミニンというタンパク質が、筋肉細胞が差し出す腕(連結軸)をがっちりとつかんでいます。ところが、筋ジストロフィーの患者ではこの結びつきが弱く、筋収縮を繰り返すうちに筋肉細胞が壊れていくのです。

この病気にはさまざまなタイプがありますが、その1つとして、連結軸の部品タンパク質の1つ(α-ジストログリカン)についている糖鎖が不完全なものが見つかりました。

このタイプの患者では、タンパク質にマンノースをつける酵素、あるいはそこから糖鎖(O-マンノース型糖鎖)を延ばす酵素などが欠損していたのです。この糖鎖が不完全だと、ラミニンは連結軸をしっかりつかめなくなります。この発見をきっかけに、「糖鎖をつくれないことが原因の病気」(グリカノパチー)という概念が確立されました。

このように糖鎖合成に問題がある遺伝病は、これまでに数百例以上見つかっています。糖転移酵素の欠損だけでなく、糖鎖の原料や糖転移酵素をゴルジ体に運び込めないなど、さまざまなタイプがあることもわかってきました。

ただ実のところ、こうした病気の場合、数ある糖タンパク質や糖脂質のうちのどれの不具合が直接的な原因なのかを特定するのはかなり困難です。糖転移酵素が1つ欠けただけでも、あまりにも多くの複合糖質の糖鎖に影響が出るからです。ジェームズ・ボンドだけでなく、その他大勢のスパイたちの装備も仕様変更になるので、誰のしくじりが致命的だったのか簡単には特定できません。ここで紹介した筋ジストロフィーの場合、Oーマンノース型糖鎖がついたタンパク質はかなり限られていたので、見事に責任タンパク質(αージストログリカン)を見抜けました。ここから、治療の糸口が見つかることを期待しましょう。

渡り鳥とインフルエンザ

さて、糖鎖の合成や解体の失敗が原因になる病気について見てきましたが、糖鎖が関係する病気はこれだけではありません。他に代表的なものとして、感染症があります。病原体の多くが、私たちの細胞表面の糖鎖を狙って感染するのです。細胞が糖鎖を展示するのは、病原体に便宜をはかるためではないのに、それが悪用されるとはなんと腹立たしいことか。ウイルス、細菌毒素、病原菌の3つの例を紹介しましょう。

冬が近づくと、毎年のようにインフルエンザが流行し、ヒトだけでなく、ニワトリにも大変な被害が出ます。鳥インフルエンザウイルスは、ニワトリに対して特に感染力および毒性が強いので、養鶏場ではニワトリを全部処分せざるを得なくなり、いたましいかぎりです。

ただ、不幸中の幸いで、鳥のウイルスはヒトには感染しません。ヒトに感染するのはヒト型のウイルスで、すでに人間社会に定着しており、冬になると活動が活発になります。ただ毒性はあまり強くなく、免疫をもつ人も多いので、感染しても重症化する人はそれほど多くありません。ふつうは、数日のうちに免疫系が立ち上がって撃退してくれます。また、ヒト型ウイルスもニワトリには感染しません。

鳥インフルエンザウイルスはカモなどの渡り鳥に寄生するので、流行が地球規模になります。ウイルスは宿主の細胞に侵入し、核酸合成システム、タンパク質合成システムなどを乗っ取って増殖します。カモの場合、ウイルスは腸の細胞に感染し、そこで適度に増殖しながら、遠くまで運んでもらいます。腸に寄生されても、カモにはほとんどダメージがないらしく、元気に飛んで、道中のいたるところで糞をして、ウイルスをばらまいてゆきます。

カモの腸の中では節度をわきまえているウイルスですが、ニワトリに感染すると狂暴化します。呼吸器の細胞に感染するのがその理由の1つです。しかもなじみのない動物の、なじみのない細胞に感染したウイルスは、制御がきかなくなって暴走し、ほかの臓器にも感染をひろげ、細胞をどんどん殺してしまうので、ニワトリは致命的なダメージを受けます。

ヒトの呼吸器には、ヒトのインフルエンザウイルスは感染しますが、鳥のウイルスは感染しません。なぜでしょうか。その答えの鍵が、糖コードの違いです。

インフルエンザウイルスとは

インフルエンザウイルスは、直径が約1万分の1㎜の球体で、中に遺伝子RNAとタンパク質が入っています。ウイルスは宿主細胞内で増殖した後、脱出するときに、宿主の細胞膜をちゃっかり着用します。だから脂質二重層でくるまれていて、ここにウイルス自身の糖タンパク質を2種類生やしています。1つが**ヘマグルチニン**(略号:H)で、約500個あります。歴史的な理由でヘマグルチニンとよばれますが、要するにレクチンです。これと、感染する動物側の糖コードとの間の結合特異性のために、鳥のウイルスはヒトに感染せず、逆もまた然りという「種の壁」ができるのです。もう1つが**ノイラミニダーゼ**(略号:N)で、糖鎖からシアル酸を切り離す酵素です。こちらは約100個あります(インフルエンザウイルスにはいくつかの型がありますが、ここではA型について説明します)。

遺伝子がRNAのウイルスはやっかいものです。RNA合成システムは信頼性が低く、複製のたびにコピーミスを重ね、遺伝子がどんどん変異します。そうしてできたウイルスのほとんどはすぐ滅びますが、子孫を残せるウイルスも、低い確率で発生します。こうして、ヘマグルチニンやノイラミニダーゼの構造が変わった亜種がどんどん増えるので、ウイルスは免疫系をかいくぐりやすくなります。抗原性によって、ヘマグルチニンは18タイプ(H1からH18まで)、ノイラミニダーゼは11タイプ(N1からN11まで)が知られています(2019年現在)。HとNの組み合わせでウイルスの系統がわかり、ワクチンを用意するときの手がかりになります。

最近、ニワトリに猛威をふるっているのは主にH5N1タイプで、これは感染力が強く、全身の細胞に感染するので致死性が高いものです。ヒトのウイルスでこのタイプのものはまだ出現していませんが、もし出現したら、免疫をもつ人がほとんどいないので、世界的大流行(パンデミック)になるかもしれないとおそれられています。

どこに、どんな糖コード?

では、ウイルスのレクチンが標的とする動物側の糖コードには、どのような多様性があるのでしょうか。

ウイルスのレクチン(ヘマグルチニン)が結合するのは、**シアル酸**を末端とする糖コードです。シアル酸はガラクトースにつながっていることが多いのですが、そのつながり方によって、どのタイプのウイルスの標的になるかに違いが出ます。鳥やウマを標的にするウイルスが結合するのは、シアル酸がガラクトースのC_3のOH基にα結合したもの(以下3−シアル酸)である一方、ヒトを標的にするウイルスは、シアル酸がガラクトースのC_6のOH基にα結合したもの(以下6−シアル酸)に結合します。

先ほど述べたように、カモではウイルスが腸に感染し、ニワトリやヒトでは呼吸器に、という感染部位の違いは、これらの糖コードを展示する細胞の分布の違いを反映しています。たとえばヒトの場合、呼吸器の上部に6−シアル酸が多くあります。だからヒトのウイルスは、吸い込まれてすぐの場所に感染できます。でもここには、3−シアル酸はほとんどありません。だから鳥のウイルスは、ヒトの呼吸器には感染できないのです。

カモは呼吸器に3－シアル酸がないので、鳥ウイルスはそこには感染できません。そのかわり、腸管の細胞に3－シアル酸があるので、吸い込まれたウイルスが無事に腸にたどりつけば、そこで感染して増殖できます。ただし、ウイルスはそこでは節度を守るので、カモは発病しません。一方、ニワトリでは呼吸器上部に3－シアル酸があるので、ウイルスはここで大増殖して、致命的なダメージを与えます。

RNAウイルスは遺伝子が変化しやすいので、鳥ウイルスのヘマグルチニンが、3－シアル酸に結合するものから、6－シアル酸に結合するものへと突然変異することもありえます。そのウイルスはヒトに感染できるようになりますが、カモの腸には寄生できなくなるので、遠くまで運んではもらえなくなります。ヒト型ウイルスが新生して感染を広げるには、もう1つステップが必要です。その鍵を握っているのが、ブタです。

ブタが糖鎖で橋渡し

2008年にメキシコで出現した新型インフルエンザウイルスは、ブタからヒトに感染しました。人々の間での感染力の高さと致死率の高さで、パンデミックの再来かと恐れられました。

このウイルスのヘマグルチニンは、6－シアル酸に結合するものでした。

ブタの呼吸器の細胞表面には、3－シアル酸と6－シアル酸の両方があります。だから鳥型ウイルス、ヒト型ウイルスのどちらも感染できます。もし1つの細胞に両方が同時に侵入したら、両方のウイルスの遺伝子に由来する部品が混ざり合った雑種ウイルスができる可能性があります。6－シアル酸に結合するヘマグルチニンと、高い病原性をもつ鳥由来タンパク質が組み合わさったウイルスができたら、ひじょうに危険なのです。

歴史に残る何度かのパンデミックも、ウイルスが鳥から直接に人間社会に入ったのではなく、ブタを経由したと考えられています。カモが暖かい南国で冬を過ごす間に、アヒルやブタなどの家畜と近づく機会があります。そこで野生の水鳥、アヒルなどの家禽、ブタへと伝染したウイルスが、ブタの中で、ヒトに感染できる雑種になったのでしょう。

渡り鳥はウイルスを地球スケールでばらまき、いろいろな動物に感染させています。ヒトは呼吸器上部に3－シアル酸をもたないおかげで、かつてはこの流行サイクルの外にいました。しかしブタを飼うことで連絡通路ができ、被害者の仲間入りをしてしまいました。そうなると新型ウイルスは、鳥に運んでもらわなくても、旅する人のおかげでパンデミックを引き起こせるのです。

メキシコ発の新型インフルエンザは、さいわいにして世界規模に拡大せずに終息しましたが、なぜなのかは謎です。確実に絶滅したともいえません。インフルエンザウイルスの「種の壁」の概要は、レクチンと糖コードの関係で一応説明できますが、細かい点でわかっていないことはまだたくさん残っているので、地道な研究は引き続き必要です。

タミフルとリレンザ――糖コードでウイルスを阻止

さて、インフルエンザウイルス表面のヘマグルチニンが、宿主に感染する際にはたらくことはわかりました。では、ノイラミニダーゼのほうは、なんのためにあるのでしょうか。実は、これなしには、増殖したウイルスが細胞から脱出できないのです。

先述のように、ウイルスは、脱出するとき宿主細胞の細胞膜を身にまといます。そこに、ウイルス自身のヘマグルチニンとノイラミニダーゼが植え込まれていますが、どちらにも糖鎖がついていて、その末端にシアル酸がたくさんついています。ヘマグルチニンはシアル酸に結合するレクチンですから、そのままではウイルス同士が接着してしまいます。それでは脱出が妨害されるので、相手のシアル酸を刈り取るために、ノイラミニダーゼを用意しているのです（ウイルスのタンパク質の糖鎖にシアル酸がつかないようにすればよさそうですが、ウイルスはまだそこまで進化していません）。

これに着目してつくられた薬が、タミフルやリレンザで、シアル酸に似た化合物でノイラミニダーゼの活性を妨害し、ウイルスの脱出を阻止します。おしゃべりな糖の研究の果実の一例ですが、効果に限界があること、耐性ウイルスが出ることなど、課題は残っています。

ベロ毒素にもレクチン

さて、糖コードは、病原菌がつくる毒素の標的にもなっています。大腸菌Ｏ１５７がその一例です。

大腸菌Ｏ１５７による食中毒は後を絶ちませんが、実は、ほとんどの大腸菌には病原性がありません。しかしＯ１５７株は、腸管出血性のベロ毒素をもっています。これは、赤痢菌がもっていた志賀毒素の遺伝子が、いつかどこかでＯ１５７株に乗り移ったためです。無害だった大腸菌が、危険な武器を手に入れて、テロリストに変身してしまったのです。

Ｏ１５７は牛の腸管に寄生していることが多いのですが、そこではおとなしくしています。しかしぞんざいに食肉加工されると、腸管の内容物で食肉が汚染され、菌が移ります。ヒトが十分に加熱しないでそれを食べると、生き残った菌が消化管内で急激に増殖し、さらにその菌が死んで壊れると、菌体内にあったベロ毒素がばらまかれて、出血性の激しい下痢を引き起こすのです。

ベロ毒素の正体は、タンパク質です。2種類のタンパク質、Ａサブユニット(以下A)とBサブユニット(以下B)からなっています。Bはレクチンで、5個集まって五角形の台をつくり、その上に、毒の本体であるAが1個のっかります。このBが、まず消化管表面のＧｂ３という糖脂質に結合し、エンドサイトーシスで細胞内に侵入するのです。ヒマ毒素のリシン

（第3章参照）と同じやり方ですね。

細胞内に入ると、毒の本体Aは土台のBと別れ、リボソームの部品にあるアデニル酸から、アデニンを切り取ります。これでタンパク質合成が止まって細胞が死ぬので、腸内で出血が起こります。ここでも、リシンとまったく同じことをするのです。しがない細菌が、真核生物のタンパク質合成システムの致命的な弱点を知っているとは驚きです。

ベロ毒素以外にも、いろいろな細菌（ボツリヌス菌、破傷風菌、コレラ菌など）が毒素をつくり、細胞表面のいろいろな糖脂質を標的として侵入します。私たちの細胞の標準装備である複合糖質が、敵たちに抜け目なく利用されているのですが、こうした感染のメカニズムが解明されることで、予防や治療を進歩させられるでしょう。

しがみつく大腸菌、変装するピロリ菌

糖鎖を利用するのは、隙あらば体内に侵入しようとする病原体だけではありません。私たちのからだには、100兆個くらいの細菌がすんでいますが、そうした常在細菌たちも、定住のために糖鎖をたくみに利用しています。

たとえば、宿主細胞の表面糖鎖や、宿主が分泌する粘液のムチンの糖鎖にしがみつくことで、定住をはかろうとする細菌がいます。大腸菌を例にとると、表面に長い毛（線毛）が数十本生えていて、この先端にレクチンがついていて、宿主側の糖鎖に結合できます。単独のレクチ

ンの結合力はあまり強くありませんが、何本も使うので、けっこう強く、細胞やムチンにつかまっていられるのです(このようなレクチンは、付着するための物質という意味で「アドヘシン」とよばれます)。

一方、約半数の人の胃に寄生しているといわれるピロリ菌は、また別の工夫をしています。ピロリ菌は、無害な大腸菌と違い、慢性胃炎や胃潰瘍の原因になることもある細菌で、一度感染すると何十年もすみ続けます。このピロリ菌の生き残り戦略にも、糖鎖が利用されているのです。

なんと、ピロリ菌は表面に、血液型糖コードとよく似た糖鎖をもつ糖脂質を、たくさん生やしているのです。これには、「自分たちは怪しいものでない、ヒトの細胞だ」と、免疫系をあざむく効果があるとみられています。糖コードが変装道具に使われているのです。さらに菌体表面には、胃の粘膜などにしがみつくためのアドヘシンももっています。まさにあの手この手で、定住をはかっているのです。

シアリルルイスxの悪用?

糖鎖と健康の話題をいくつか取り上げましたが、これらはほんの序の口です。あらゆる健康問題に糖鎖がからんでいるのは確実です。これから先、その重要性は増すばかりでしょう。

私たちが実現した長生き社会は、自然の想定をとっくに超えてしまいました。その代償ともいえますが、がんや糖尿病、腎疾患、アレルギー、生活習慣病、自己免疫疾患、先天性難病、新規感染症、認知症など、解決がまたれる難題はむしろ増え続けています。そのいずれにも、糖鎖が予想外の関わり方をしていることが発見されており、解決のヒントも増えつつあります。これらについては、いつか続編で紹介することとして、最後に、がんについての話題を1つだけ紹介しましょう。

がんの治療の大敵は転移です。がん細胞は往々にして原発組織から出奔し、血管内に侵入し、血流に運ばれて、他の臓器や組織に植民地をつくります。これが転移であり、がんの完治を難しくする最大の理由の1つです。こうしたがんの転移を、おしゃべりな糖が後押しする場合があることがわかったのです。

前に腫瘍マーカーの1つとして、シアリルルイスx(SLX)を紹介しました(第2章)。正常な組織の細胞はこれをほとんどつくりませんが、がん細胞では糖鎖合成システムが乱れて、つくられるようになることがあります。そして、シアリルルイスxをつくるがん細胞は転移しやすく、治療の予後が悪いことがわかったのです。その理由は、読者のみなさんにも想像がつくでしょう。

がん細胞が転移するには、まず血管壁へ着岸せねばなりません。そのとき、シアリルルイスxが表面にあればとても有利なのです。血管内壁にEセレクチンが出ているところがあれば、そこに着岸しやすくなるからです。本来は感染防御のかなめとなるメカニズム(白血球のローリング）が、ここでは仇となっています（ただし、がん細胞は白血球と違って転がりやすい形をしていないため、ごろごろとローリングするのではなく、血管壁にべったりと付着するとみられます）。シアリルルイスxは感染防御の第一走者、あるいはがんの早期発見のモニターとして有益な糖コードなのに、したたかながん細胞に、こんなふうに悪用されることもあるのです。

＊

とはいえ、このようながんと糖鎖の予想外の関係が明るみに出ることで、そのつど、治療へのヒントやアイデアも生まれます。たとえば、転移を抑制するために、がん細胞の糖鎖合成システムを正常に戻す、がん細胞のシアリルルイスxだけにふたをかぶせる、シアリルルイスxをもつがん細胞だけを殺す、といった対策が考えられます。どれも相当な難題で、ただちに成果を出せるものではありませんが、生命は意外性の宝庫です。誠実に、ねばり強く、大胆な挑戦を続ければ、必ず報われる日が来るでしょう。

がんと糖鎖はこのほかにも、いろいろなかたちで深く深く関係しています。「がん研究の発展の鍵は、おしゃべりな糖にあり」。このメッセージで、この本を締めくくりたいと思います。

おわりに

糖の「賢い」側面を知る第一歩にしてもらいたいと願って、この本を書きました。紹介できたのはほんの入口にすぎませんが、生命の中でもひときわ特異な情報糖鎖に興味をもってもらえたでしょうか。

この分野は研究者にとっても、巨大で奥深い迷路です。まだ入り口からほんの少しのところまでしかたどりつけていません。でも、第一線の研究者にとっては魅力いっぱいの迷路です。何度となく迷子になりますが、でもそのおかげで、まったく予想もしていなかった「もの」や「こと」に出くわします。大発見のチャンスにつながりそうな謎が、いたるところにごろごろころがっています。私もこの分野にかかわったおかげで、目からうろこが落ちるような経験を何度もさせてもらいました。

人類の未来について、特に健康に関しては、医療の画期的進歩にもかかわらず、次々と難題が出現しています。それらのすべてに、間違いなく細胞外交のほころびが関係しています。ならば、おしゃべりな糖が必ずからんでいるはずで、解決への突破口を見つけるためには、そこにしっかりと目をくばらねばなりません。とはいえ、そうした意識はまだ十分に広がっているとはいえません。生命にかかわる分野では、基礎研究はもちろん、医療関係の研究も、情報糖鎖のはたらきを十分に考慮し、徹底的に見なおすべきです。また社会全体としても、それを理解してサポートしてもらいたいものです。この本がそのきっかけになれば幸いです。

複雑に入り組んだ分野ですが、初めて訪れる読者が途中で断念しないように、できるだけやさしく書こうと努めました。そうはいっても、不正確な情報を提供してはなりません。まさにミッション・インポッシブルへの挑戦でしたが、どこまで任務を果たせたでしょうか。間違ったことを書かないようできるだけ注意はしましたが、なにぶん発展途上の分野なので、現在の通念がいつひっくりかえってもおかしくありません。とはいえ、それは自然科学の発展にはつきものです。将来、訂正を要する部分が出てくるかもしれませんが、その節はご容赦ください。

この本に書けたことはごく限られています。また全体を通して、わかりやすさ優先で、踏み込んだ説明は極力ひかえています。終わりまで読んで、もっと深く知りたくなったという読者もおられるでしょう。一般向けで全般をカバーしている参考書はまだありませんが、とりあげた話題の一部については、以下の本をお薦めします。

『糖鎖とレクチン』平林淳著、日刊工業新聞社(2016)
『おっぱいの進化史』浦島匡・並木美砂子・福田健二著、技術評論社(2017)
『インフルエンザ21世紀』瀬名秀明著、鈴木康夫監修、文春新書(2009)

全般を深く勉強したい人には、専門家向けですが、次の本があります。

『コールドスプリングハーバー　糖鎖生物学　第2版』アジト・バルキ他編集、鈴木康夫・木全弘治監訳、丸善(２０１０)

(この本はすでに第3版が出版されています。日本語にはまだ翻訳されていませんが、原書 A. Varki et al. (eds): *Essentials of Glycobiology*, 3rd edition, Cold Spring Harbor Laboratory Press (2015-2017) の内容はインターネットですべて自由に見ることができます。https://www.ncbi.nlm.nih.gov/books/NBK310274/)

グルコース
(Glc, グ)

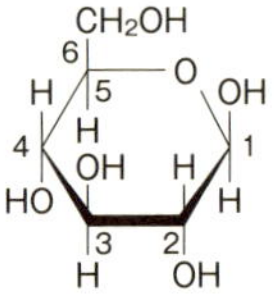

マンノース
(Man, マ)

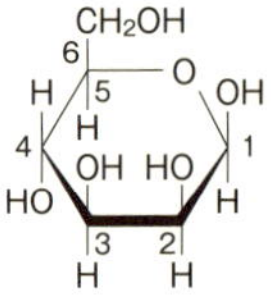

ガラクトース
(Gal, ガ)

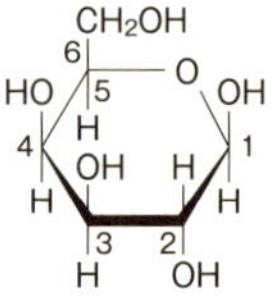

フコース
(Fuc, フ)

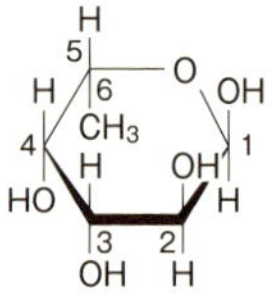

N-アセチル
グルコサミン
(GlcNAc, あ)

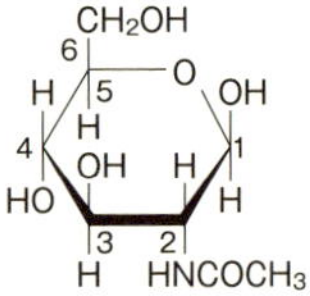

N-アセチル
ガラクトサミン
(GalNAc, ア)

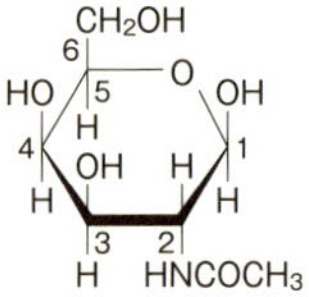

シアル酸
(Sia, シ)

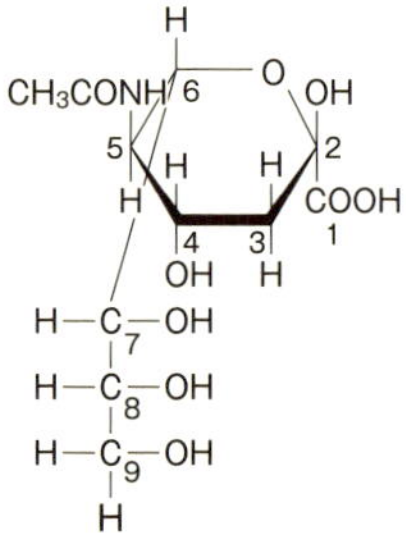

付録　糖コードのパーツとしてよく使われる単糖分子。カッコ内には，一般的に使われる英字略号と，本書での略号を記した

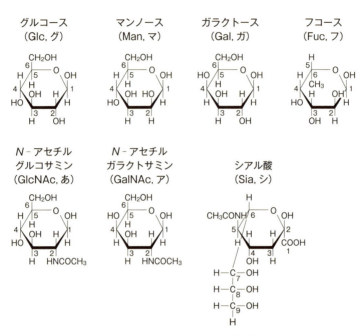

笠井献一

1939年生まれ．1962年東京大学理学部生物化学科卒業(第1期生)．フランス政府給費留学生(パリの生物物理化学研究所で研究生活)，北海道大学薬学部助手・助教授を経て，1979年より帝京大学薬学部教授，2010年同大学名誉教授．理学博士．専門はタンパク質化学，糖鎖生物学，アフィニティー技術．主な著書は『アフィニティークロマトグラフィー』(共著，東京化学同人)，『バイオアフィニティー』(共立出版)，『科学者の卵たちに贈る言葉』(岩波書店)．訳書にアントワーヌ・ダンシャン著『ニワトリとタマゴ』(共訳，蒼樹書房)など．趣味は合唱，オペラ鑑賞，外国語会話(仏，伊，独)練習など．

岩波　科学ライブラリー　290

おしゃべりな糖
—第三の生命暗号、糖鎖のはなし

2019年12月5日　第1刷発行
2021年10月5日　第2刷発行

著　者　笠井献一《かさいけんいち》

発行者　坂本政謙

発行所　株式会社 岩波書店
〒101-8002 東京都千代田区一ツ橋2-5-5
電話案内 03-5210-4000
https://www.iwanami.co.jp/

印刷・製本　法令印刷　カバー・半七印刷

ISBN 978-4-00-029690-8　Printed in Japan

●岩波科学ライブラリー〈既刊書〉

296
山内一也
新版 ウイルスと人間
定価一三二〇円
ウイルスにとって、人間はとるにたらない存在にすぎない――ウイルス研究の泰斗が、ウイルスと人間のかかわりあいを大きな流れの中で論じる。旧版に、新型コロナウイルス感染症を中心とする最新知見を加えた増補改訂版。

297
マイケル・ダン、トニー・ホープ　訳児玉 聡、赤林 朗
医療倫理超入門
定価一八七〇円
医療やケアに関する難しい決定を迫られる場面が増えている。医療資源の配分や安楽死の問題、認知症患者のどの時点での意思を尊重すべきか…。事例を交え医療倫理の考え方の要点を説明する。『〈1冊でわかる〉医療倫理』の改訂第二版。

298
三上 修
電柱鳥類学
スズメはどこに止まってる？
定価一四三〇円
電柱といえば鳥、電線といえば鳥。でも、そこで何をしているの？ カラスは「はじっこ派」？ 感電しないのはなぜ？――あなたの街にもきっとある、鳥と電柱、そして人のささやかなつながりを、第一人者が描き出す。

299
乾 敏郎、阪口 豊
脳の大統一理論
自由エネルギー原理とはなにか
定価一五四〇円
脳は推論するシステムだ！ 神経科学者フリストンは、「自由エネルギー原理」によって知覚、認知、運動、思考、意識など脳の多様な機能を統一的に説明する理論を提唱した。注目の理論を解説した初の入門書。

300
阿部修士
あなたはこうしてウソをつく
定価一四三〇円
なぜウソをつく？ ウソを見抜く方法はある？ ウソをつきやすい人はいる？ ウソをつきやすい状況は？ ウソをつくとき脳で何が起きている？ 人は元来ウソつきなのか、正直なのか？ 心理学と神経科学の最新知見を紹介。

定価は消費税10％込です。二〇二一年一〇月現在